JN171670

手作り実験工作室

Hand Made Science Lab

❶手軽な実験編

「手軽な実験」編

はじめに

　子供にとって、「科学」の入口は、「遊び」だったり「マジック」だったり。

　「"ふしぎ"？で　ヘン！で　"おもしろい"！」ことではないかと思います。

　それは大人になっても同じではないでしょうか。

　「"おもしろい"な！"ふしぎ"だな？」と思ったことを、「手軽な実験」や「手作り工作」にして、楽しんでいつの間にか14年。

　それをまとめたのが、本書です。

＊

　1巻目の本書では、「実験」をする上での「サポート役」として、「実験ネタ」だけでなく、ターゲットにしたモノの「科学的情報」を加えながら、紹介しています。

　試行錯誤してうまくいかない「実験」も、「科学的情報」を持っていれば、乗り越えるハードルは低くなります。

　「科学的情報」が増えると、他の事象とのつながりも見えてきます。

　さらに、「科学の楽しさ」をとらえるチャンスが増えます。

＊

　各テーマには、「QRコード」などを入れて、Webサイトからの画像を含め、さらに詳しい情報をご覧いただけるようにもしています。

　本書を通して、『科学の楽しさ』をさらに多くの方々に知っていただければ幸いです。

おもしろ！ふしぎ？実験隊
久保利加子

手作り実験工作室
Hand Made Science Lab
① 手軽な実験編

CONTENTS

「ページ参照」について

　「参照」の中には姉妹書「手作り実験工作室②手作り工作編」でも説明されているものもあります。

　別の角度からの視点での説明で、参考になると思います。

【例】　なお、同じ錯覚ネタとして、❷手作り工作編p.69で「首振りドラゴン」を解説しています。

第1章 文房具を使った実験

最近の文房具コーナーは、「ホログラムが輝く折り紙」や「書いた文字が消えるペン」など、ちょっとふしぎなグッズがいっぱいです。

そこには、科学的な要素が隠れているかもしれません。

その原理を探って、「使う楽しみ」を倍増させましょう。

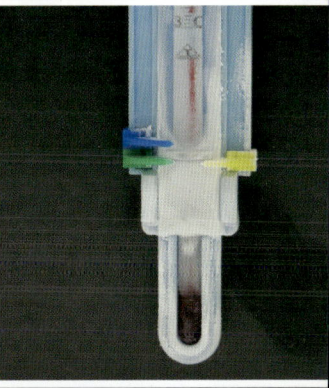

1-1　「フリクション・インキ」のひみつ

Key Word　フリクション（摩擦熱）、サーモクロミズム、透明と白

■ こすると、書いたものが消えるペン

ペンで書いたものを付属の「ラバー」でこすると、消すことができるペン。

最近は、いくつかの会社で商品化されているようですが、さきがけはパイロット社の製品です。

こすると消える「蛍光ペン」（パイロット）

「こする」ということは…たとえば、手のひらを合わせて、ゴシゴシすり合わせてみてください。

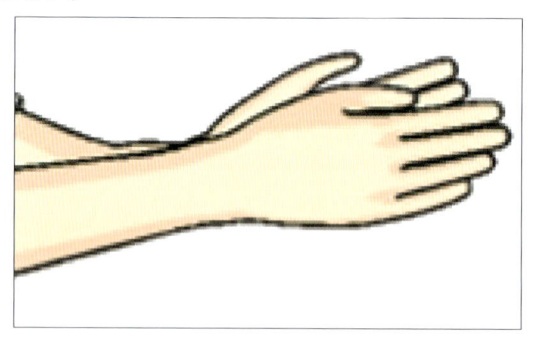

手をすり合わせると…？

どうですか、手のひらが熱くなってきますね。

これは、「こする＝摩擦熱を起こす」ということです。

つまり、「フリクション・ペン」は、「温度変化」で色が変わる「インキ」が使われているのです。

※ちなみに、商品とつづりは違いますが、「フリクション」とは、日本語で「摩擦」を意味します。

パイロット社のサイトには、「フリクション・インキは65度以上で消色し…」と書いてあります。

ということは、ラバーでこするだけでなく、"65度以上にすれば消える"ということでしょうか。

そして、熱くすると消えるのなら、冷たくすると書いたものが出てくるのでしょうか。

＊

ラボしてみましょう。

 「フリクション・ペン」に、いろいろな「熱」を加えてみよう

まずは、オーソドックスに、「熱を加える方法」を試してみましょう。

【用意するもの】

・フリクションペン
・紙コップ
・ドライヤー
・ライター
・アイロン

[1] 紙コップの外側に「フリクション・ペン」で絵を描き、「熱湯」(65℃以上)をそそぐ。
　　→あっという間に絵が消えます。

絵を描いた紙コップ(左)にお湯を注ぐと、描いた絵が消える(右)

[2] 紙に「フリクション・ペン」で絵を描き、「ドライヤーの熱風」を当てる。
　　→絵が消えます。

　　すぐにドライヤーを離すとまた復活しますが、長時間当てると消えてしまいます(紙が焦げないように注意しましょう)。

ドライヤーの熱風で、描いた絵が消える

[3] 紙に「フリクション・ペン」で絵を描き、「ライターの火」で焦がさないくらいにあぶる。
→みるみる消えてしまいます。

[4] 紙に「フリクション・ペン」で絵を描き、「アイロン」をかける
→あっという間に消えています。

[5] 紙に「フリクション・ペン」で絵を描き、「電子レンジ」に入れて加熱する
→これまた、消えてしまいます。

> ※このとき、電子レンジには「水の入ったコップ」を一緒に入れてください。

■ 本当に消えているの？

　紙コップに「フリクション・ペン」で書いた絵は、お湯を入れると一瞬で消えますが、よく見ると「白い跡」が残っています。

　以前の「フリクション・ペン」だったかと思い、「紫外線」（ブラックライト→p.43でも可）を当ててみました。

うっすらと残る白い跡に（左）、紫外線を当てると絵が浮かび上がる（右）

　蛍光の「インク」は、残っているようです。

　また、「黒い紙」に書いたものは、うっすら白く見えるようです。

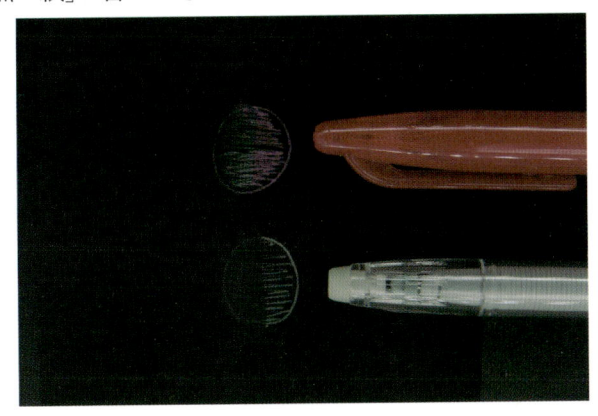

黒い紙に書いたところ

　『あれれ。消えたんじゃなくって、白くなってたの？』と思ったかもしれません。
　白い紙だから、まぎれて見えなくなっていたのでしょうか。

*

もう少し、ラボしてみましょう。

 「黒い紙」に書いて消してみよう

【用意するもの】

・黒い紙(少しザラついたもの)
・普通のボールペン(対比実験として利用)
・いろいろなタイプのフリクションペン(1本でもOK)

[1] 黒い紙に、「普通のボールペン」と「いろいろなタイプのフリクション・ペン」で色を塗り、塗った半分を普通にラバーで消して観察する。

> ※このとき、ペンで書いた跡が残ってはよくないので、あまり強く書かないよう気をつけましょう。
> 消した部分は、画像の黒左のように少し白く残って見えます。

「ラバー」と「紙」と「インク」がこすれたために消しカスが出て、それがペンで書いた跡に入り込み、白く見えているのかもしれないので、消しカスが出ない方法で消してみましょう。

そうです、「アイロン」や「電子レンジ」で熱するのです。

[2] 同じように色を塗り、ごく低温(100℃以下)の「アイロン」や「電子レンジ」に入れて、熱を加える。
画像の黒右2つのように白くなりました。

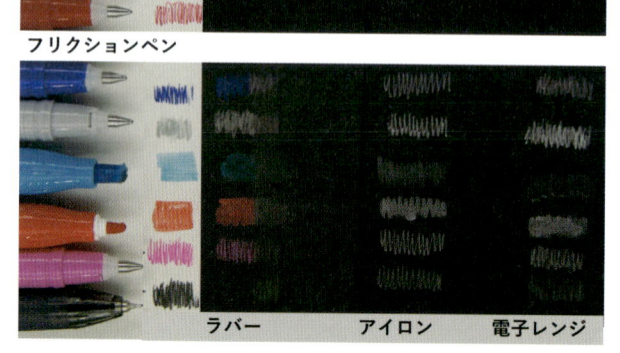

「ラバー」「アイロン」「電子レンジ」での結果の違い

結果の写真から、「65度以上で消色し…」という説明にもかかわらず、白く

残っているのが分かります。

　ただ、よく読んでみると「消色」とあります。
「消色」とは、色が消えること。

つまり、インクの「粉」の色が消えていて、「粒」自体は残っているのかもしれません。

＊

　もう少し、理解を深めてみましょう。

■「透明」と「白」の違い

　唐突ですが、「水」は何色でしょうか？

　水は、限りなく「透明」です。
　では同じ水でできている雪は…、「白く」感じますね。

＊

　自ら光を出していないモノは、他からの光を「反射」したり、「屈折」したりすることによって、人間の目に見えるようになります。

　「水」は、ほとんどの光を「透過」するので、人間には「透明」に見えます。
　「雪」については、結晶の1つ1つは透明ですが、その結晶が集まると、光が表面でいろいろな方向に反射するため、人間には「白く」見えるのです。
（この原理は、透明なガラスが割れて粉々になると、白く見えるのと一緒です）。

　他の例としては、「曇りガラス」が挙げられます。

　「曇りガラス」は、表面の凸凹で光がいろいろな方向に反射されるために曇って見えますが、水をかけて表面の凸凹をなくすと、透明になり向こう側が見えるようになります。

＊

　「黒い紙」に「フリクション・ペン」で書いたものを消すと、白く残って感じたのは、透明になったインクの「粒」の表面で、反射が起こっていたのかもしれません。

> ※「フリクション・ペン」を使う場面を考えると、「白い紙」に書くことがほとんどで、商品開発を考える上では、この「消色」する状態で充分なのかもしれません。
> 　それぞれの商品には、メーカー独自の工夫などがあるので、本誌で深く説明することはしませんが、パイロット社のサイトには開発当時からの苦労が書いてあるようです。
> 　興味がある方は、参照してください。
> http://www.pilot.co.jp/promotion/library/006/index.html

■ 消えた「絵」を復活させる

　熱くすると消えるということは、冷たくすると描いたものが出てくる (復色) のでしょうか。

　また、冷たくするにはどんな方法があるでしょうか。

＊

　思いつく方法で、ラボしてみましょう。

いろいろな方法で、冷やしてみよう

【用意するもの】

・割りばし
・氷
・塩
・冷却スプレー

[1] 絵が消えた紙コップに、「水」(常温)を入れる。
　　→絵は見えてきません。

[2] 常温の水に「氷」を入れて、割りばしで混ぜてみる。
　　→うっすらボンヤリと何か見えてきます。

[3] 水を少なめにして氷を足し、「食塩」をたっぷり入れて、かき混ぜる。
　　→完全復活とは言えませんが、かき混ぜていると絵が見えてきます。

[4] 絵が消えた紙に、「冷却スプレー」をかける。
　　→みるみる見えてきます。絵の表面には、「氷の粒」も見えます。
　　「冷凍庫」に入れて、「復色」させることもできます。

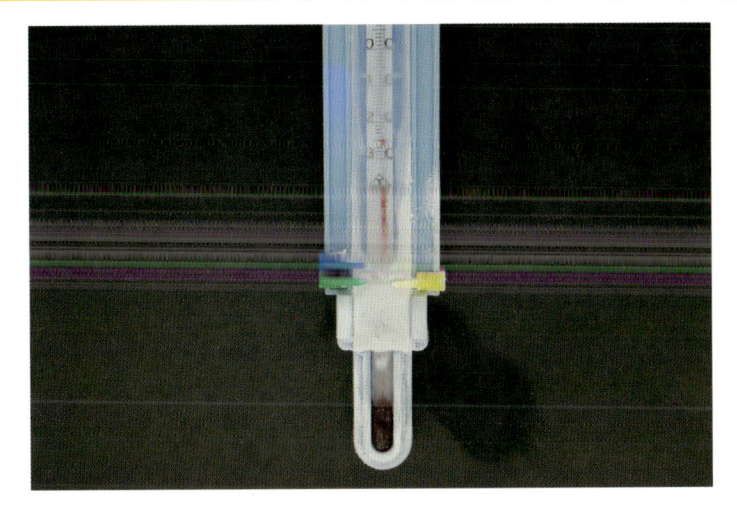

「冷却スプレー」には、「-40℃」になるものもある

■ フリクションインキは「サーモ・クロミズム」

「氷水」は「0℃」ですが、「食塩」を入れるとおおよそ「-20℃」くらいまで温度が下がります(アイスクリーム作りの実験をやったことのある人にはお馴染みかもしれませんね)。

パイロット社のサイトには、

> 現在のフリクションインキは「65℃」で色が消え、「-20℃」で復色するよう変色温度幅を「85度」に設定してあります

と書いてあります。

「フリクション・ペン」のように、温度の変化によって物質の色が「可逆的」(変化が起きても、また元に戻れる)に変化する現象は、『サーモ・クロミズム』と呼ばれています。

「サーモ・クロミズム」は、冷たいジュースをそそぐと色が変わるコップや、お風呂で遊ぶ子供のおもちゃなどにも使われています。

また、実用的なところでは、「書き換え可能なポイントカード」「トナーの色が消せる複写機」などにも使われています。

「サーモ・クロミズム」が利用されている製品

　以上のようなコップやおもちゃやポイントカードは、それぞれ使用時の「温度条件」が違うので、「変色温度」や「温度幅」の設定も違ってくるはずです。

　たとえば、お風呂で遊ぶ「おもちゃ」が、冷たいジュースをそそぐと色が変わるコップと同じ「変化温度」設定だとしたら、子供が風邪をひいてしまうかもしれません。

参考サイト http://tsukuba-ibk.com/omosiro/2010/11/20101129.html

1-2　　　　色が消える「のり」

Key Word 酸性、中性、pH、酸性紙、中性紙、レシート

■ 塗ると色が消える

「色が消えるのり」をご存知ですか？

「青」や「紫」のスティック状の「のり」を紙に塗ると、その色が着くのですが、少し時間が経つと「無色」になる、というものです（液体状の「のり」もあるようです）。

どこに塗ったのかが分かるので、多く塗りすぎることもなく、経済的です。

色が消えるのり

このような製品で代表的なのは、「消えいろピット」です。

販売しているトンボ鉛筆社のサイトでは、

> 貼るまでは色があって、乾燥して貼り上がれば無色になる「消えいろピット」は、「pH指示薬」を配合することによって出来ています。
> つまり、製品の状態では「アルカリ性」なのですが、空気に触れて二酸化炭素を吸ったり、紙の持つ酸性成分と反応したり、また乾燥して水分を失うなどにより「中性化」するという性質をうまく利用したものなのです。

と説明しています。

「アルカリ性」では色が着いていて、「中性化」すると色がなくなる。

これは、まるで「pHチェックスティック」ではないですか。

さっそく、ラボしてみましょう。

📱Lab 身近なもので、お試し

「pH測定」の手始めとして、「pH試験紙」の使い方も思い出しながらラボしてみましょう。

「消えいろピット」は、「アルカリ性」で「青」、「中性」で「無色」に変化する「指示薬」と思えばいいでしょう。

【用意するもの】

> ・色が消えるのり(青色→無色になる製品)
> ・炭酸水(無色のもの)
> ・重曹
> ・ラップフィルム
> ・pH試験紙(ドラッグストアやホームセンターなどで購入可能)

[1]「pH試験紙」に「色が消えるのり」を塗り、「pH」を確認。
　　「pH試験紙」は気軽に使えますが、「リトマス試験紙」と同様に、ピンセットなどを使って、手で直接触らないようにしましょう(人間の手は「酸性」だからです)。
　　pHは「12」くらいでした。

[2]「色が消えるのり」をラップに塗り、放置。
　　30秒ほどすると、「無色」になります。
　　これは、「アルカリ性」で「青色」だったものが、空気中にある酸性の「二酸化炭素」と反応して「中性」になり、「無色」になったのです。
　　ティシュの上で行なうと、色の変化が見えやすいでしょう。

[3]ラップに薄く「のり」を塗り、すぐに「無色の炭酸水」に入れてみる。
　　これも「無色」になります。
　　「炭酸水」は「二酸化炭素」が溶けている水溶液なので、「酸性」を示します。
　　それと反応して、「中性」になり、「無色」になったのです。
　　ついでに、「pH試験紙」で「炭酸水」の「pH」を確認しておきましょう。

[4] ラップに塗って透明になるまで放置した後、水に溶かした「重曹」を塗る。

　「色」が復活します。

　「重曹」の水溶液は、「**p.101**」で分かるように「アルカリ性」を示します。

　空気中の「二酸化炭素」のために、「中性」で「無色」になった「指示薬」の色が、「重曹」の「アルカリ性」のために復活したのです。

ここまでは、まだ序章。

次はいろんな「紙」に塗ってみましょう。

🧪 いろいろな「紙」に塗ってみる

【用意するもの】

・レシート
・新聞紙
・白い紙（コピー用紙、できれば数種類）
・白い紙（ノート）

[1]「レシート（おもて側）」「新聞紙」「コピー用紙」「ノート」に、「色が消えるのり」を同量になるように塗り、観察する。

　「ノート」や「コピー用紙」は、おおよそ同様に色が着きます。

　「新聞紙」は、「ノート」や「コピー用紙」と比べると、やや薄く着く感じです。

　「レシート」は、ほとんど色が着くことなく、塗った端からすぐ消えます。他の紙とは違う速さです。

　ちなみに、「レシート」の裏側は、他と同様に、「色」が着いてからしばらくすると、普通に消えます。

いろいろな紙で実験

これらの違いは、どうして出てくるのでしょうか。

「レシート」はとりあえず置いておき、他の紙の違いから考えていきましょう。

■ 印刷用紙には、「酸性紙」と「中性紙」がある

先ほど説明したように、「消えいろピット」は、紙の「酸性成分」と反応します。

印刷用紙には「**酸性紙**」と「**中性紙**」があるようで、「新聞紙」は「**酸性紙**」の部類に入ります。

「酸性紙」は安価に作れるため、「新聞紙」のような長期保存の必要性がないものに使われています。
そのため、「色が消えるのり」の「アルカリ性」の成分と、「新聞紙」の「酸性」の成分が反応して、透明になったのです。

「コピー用紙」の中には、同じ「白い紙」でも、他と比べて少し早く色が消えたものはなかったでしょうか。
あったのなら、それは「酸性紙」だったのかもしれません。

■「酸性紙」と「中性紙」の見分け方

「酸性紙」と「中性紙」は、どうやって見分けたらいいのでしょうか。

これにはいくつか方法がありますが、いちばん簡単だと思うのが、「**燃やしてみる**」ことです。

燃えカスが"少し灰色がかったり、白かったりするもの"は、「中性紙」。
燃えカスが"黒いもの"は、「酸性紙」——と判断すると、おおよそ間違いはないようです。

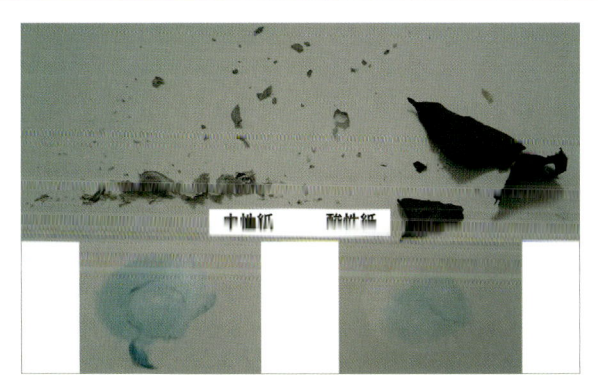

「酸性紙」と「中性紙」の違い

このような違いが出てくる原因は、（株）吉田印刷所のサイトで、

> 「酸性紙」の硫酸分による炭化促進によって炭化物ができ、灰が黒っぽくなるからです。
> 一方、「中性紙」には、その作用がないので、白っぽい灰色になります。

というように述べられています※。

火傷しないように注意して、確認してみてください。

> ※http://dtp-bbs.com/road-to-the-paper/basic-lecture-of-the-paper/basic-lecture-
> of-the-paper-008-3.html

■「レシート」の秘密

では、ほとんど色が着くこともなかった「レシート」では、どんな変化が起こっていたのでしょうか。

*

「レシート」は、「感熱紙」で出来ています。

「感熱紙」という文字の通り、「熱」を感じる紙で、「熱」を加えることによって文字を表示しています。

「レシート」の表面には、「熱」が加わると反応を起こす物質が塗ってありますが、そのひとつが「酸性」を示すものなのです。

それで、「色が消えるのり」を「レシート」に塗ると、レシートの表面に塗ってあった「酸性」の物質と反応するため、「色」がすぐ消えます。
（「レシート」については、p.97も参照してください）。

1-3 色が消せる水性ペン

 Key Word 色素、クロマトグラフィー、2軸展開

■ 書いた色が消せる「水性ペン」

「色が消せる水性ペン」は、「色ペン」と「白ペン」が用意されています。

「色ペン」で書いた部分を「白ペン」でなぞると、なぞったところの色が消せる、という仕組みです。

製品としては、「緑と赤のマーカーペン」と「白ペン」がセットの、いわゆる「暗記ペン」があります。
また、5本の「色ペン」と1本の「白ペン」がセットになっているものもあります。

「暗記ペン」と「色が消せる水性ペン」

では、「色」が消せる原理は、どういったものなのでしょうか。

まずは、「色素」について、知識を深めてみましょう。

■ 「色素」ってどのくらいあるの？

「色素」と言われると、どのようなものを思いつくでしょうか。

「玉ねぎ」の「色素」で「染色」とか、「カイガラムシ」の「赤色色素」とか。
「光合成」に使われる「クロロフィル」(葉緑素) や、「血液」の赤い成分の「ヘモグロビン」も「色素」です。

「色変わり」の実験でよく使われる「紫キャベツ」。
これに含まれる「アントシアニン系」の色素は、紹介するだけでも1冊の本が出来上がるくらい、たくさんの種類があるようです。

こんなにもたくさんの「色素」があるのなら、その中から「白ペン」で消せる「色素」もありそうですね。

*

では、「色ペン」にどんな「色素」が使われているかを、ラボしてみましょう。

たとえば「黒ペン」はどんな「色素」を使っているのでしょう。

■ ペンの色を分ける「ペーパー・クロマトグラフィー」

絵の具で「ピンク」を作るには、「白」と「赤」を混ぜます。

では「黒」はというと、さまざまな色を混ぜることによって作り出すことができます。
恐らく「黒ペン」は、いくつかの色素を混合して作っているのでしょう。

そして、このような混合されたものを分解する、「クロマトグラフィー」という方法があります。

ちょっと難しい名前ですが、今回はこの原理を使ってペンの色を分解してみます。

＊

紙を使うので、「ペーパー・クロマトグラフィー」。

本書ではこれを簡易的に試すので、「ペーパー・クロマトグラフィー"もどき"」というところでしょうか。

「水性ペン」で書いた絵に水をかけて、にじませて色を分ける、というイメージです。

 色ペンの正体を「ペーパー・クロマトグラフィー」で見分ける？

【用意するもの】

・色が消せる水性ペン（100円ショップなどで購入可能）
・白のコーヒーフィルタ
・割りばし
・透明カップ
・鉛筆

このラボは、以下の手順で進めてください。

[1]「コーヒーフィルタ」を、四角形にカット。

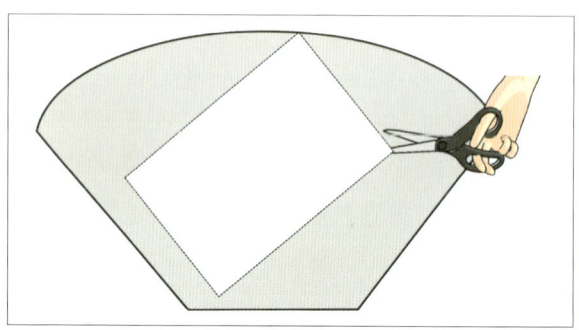

　市販の「コーヒー・フィルタ」はいくつかの紙質があるようで、つるりとしたものではなく、吸水力がいい、オーソドックスな「白の紙フィルタ」が適しています。

　カットするサイズは、大きなほうが使い勝手がいいです。

四角形に切り出すのは、水の吸い上げを一方向にするためです。

[2] カットしたものに、「鉛筆」で、何色を調べるかの情報を書く。

[3] カットしたものに、次の図のように鉛筆で、どこまで水を吸い上げるかの目安となる「線」と、「×印」を書き、その少し横に「色ペン」で点を打つ。

「鉛筆」で書くのは、「鉛筆」は水に濡れても滲まないからです。

ただ、鉛筆の「粉」（黒鉛）が影響してはいけないので、「色ペン」で点を打つ位置は、「×の横」がいいでしょう。

【4】「割りばし」で紙を挟む

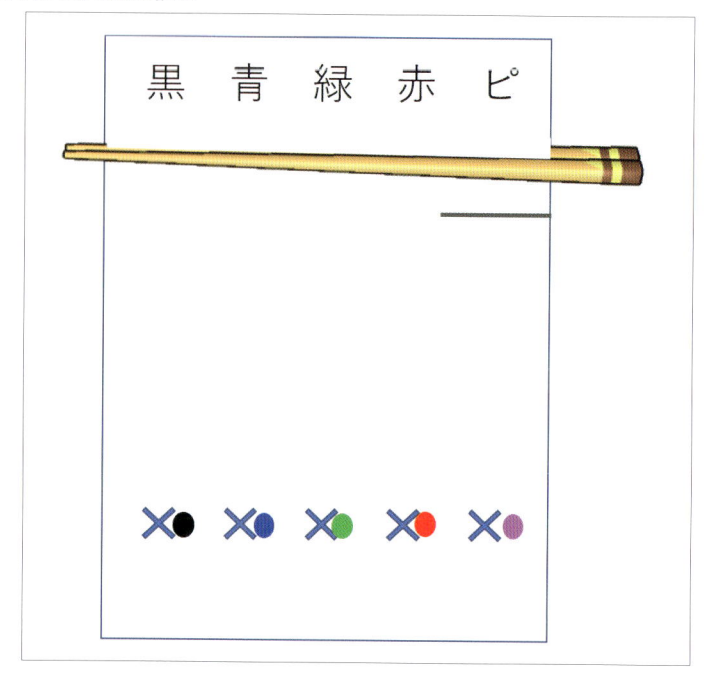

　　　ブレなどが起きないように、「割りばし」で紙を挟んで、容器に引っかけます。

【5】紙の端を水につけ、水を上昇させる。
　　　目安の「線」まで上昇したら、乾燥させて、「色」の変化を観察。

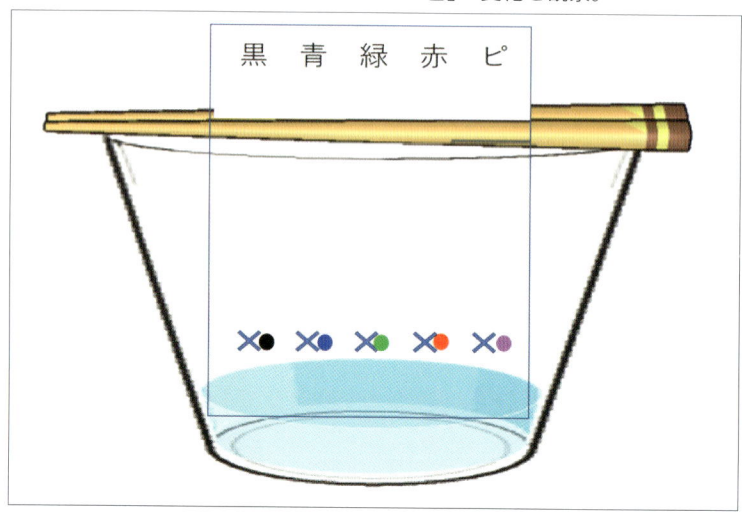

　「色が消えるのり」でも解説しましたが、空気中の「二酸化炭素」によって、「色ペン」で書いた「色」は、時間とともに変化します。

　この実験でも、あまり時間を置かないほうがいいです。

　結果としては、次の写真のように、「色ペン」の色が分かれました。

複数の「色」に分離した

　これらが、「白ペン」で消えるのでしょう。

＊

　「黒」に注目してみましょう。

　「黒」は、下から、「ピンク」「紫」「青緑」に分かれています。
　「青緑」の色素は、「水」と相性が良かったのか、「水」が染み込むにつれて「色」が上に伸びています。

　また、「ピンク」の色素は、逆に、「水」と相性が悪かったのか、伸びは少ないようです。

＊

　ただ、「色」が混ざっていて判然としないので、もう少し詳しく見てみることにします。

「2軸展開」をしてみる

　こんどは「黒ペン」のみ、「ペーパー・クロマトグラフィーもどき」を試してみましょう。

　先ほどと同じように、「コーヒーフィルタ」をカットして、目安の線と「×印」と「黒の点」を打ちます。

　次の図のように、点を打つのは「端っこ」にします。

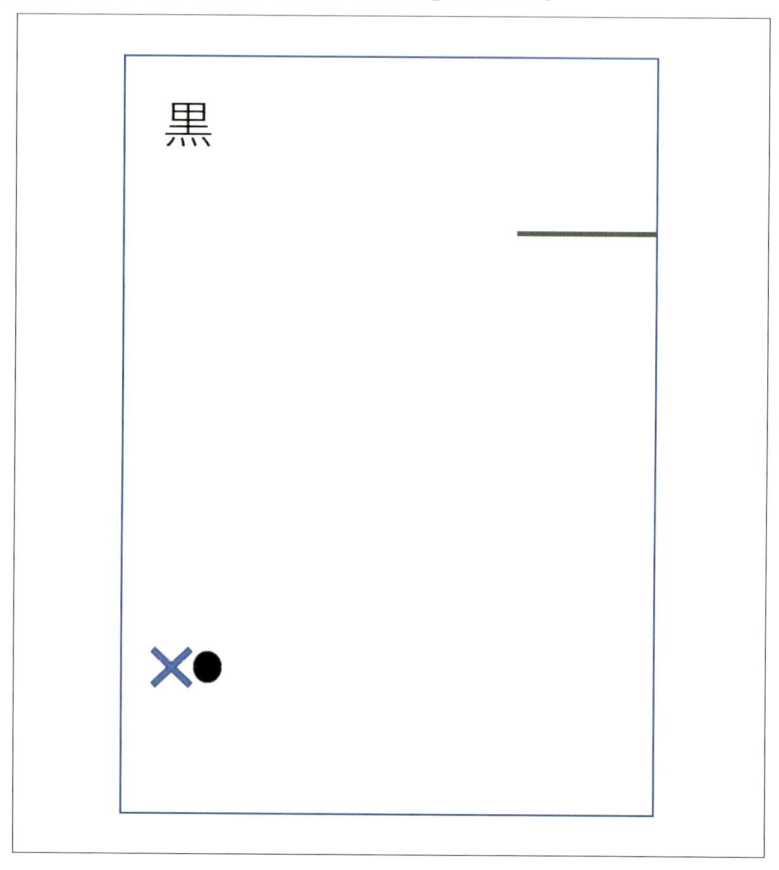

「黒の点」を打つ

以降は、次の手順に沿って作業してください。

[1] 次の図の①の方向に展開したものを、充分に乾燥させる。

[2] その後、90°向きを変えて、②の方向に展開させるために水につけ、乾燥させる。

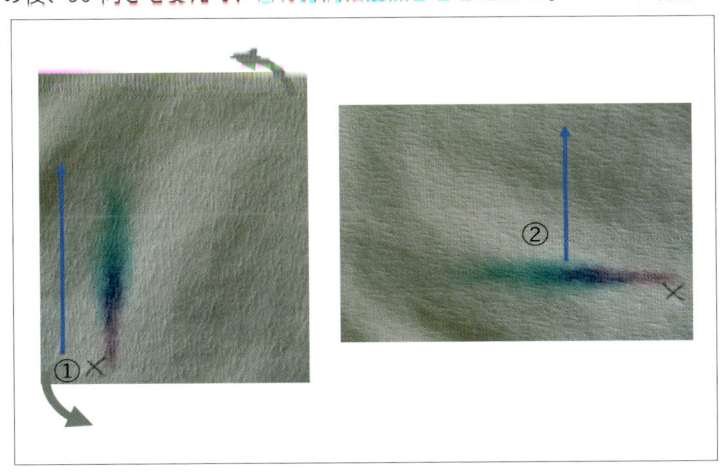

結果が次の写真です。

上記の作業で、点線の方向に展開したことになります。

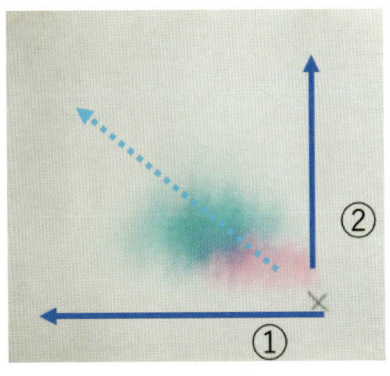

手順の実行結果

「紫」に見えていた部分は、「ピンク」と「青緑」が重なっていたのでしょう。

以上から、「黒ペン」は、「ピンク」と「青緑」の色素を混ぜて作っていると考えられます。

*

「縦横2軸」に展開することで、正確性が増したようです。

では、最初の作業では、なぜ判然としない結果が出たのでしょう。

それは、「コーヒーフィルタ」の作りが均一ではないためだと考えられます。

 「フィルタ」を変えてみる

「コーヒーフィルタ」は、見た目でも分かるように凸凹した作りです。

ここでは、「コーヒーフィルタ」よりも作りが均一と思われる、「ろ紙」でラボしてみましょう。

【用意するもの】

・ろ紙（ホームセンターなどで購入可能）

【1】「ろ紙」を四角形にカットし、「コーヒーフィルタ」のときと同様の作業（ペーパー・クロマトグラフィーもどき）を行ない、観察する。

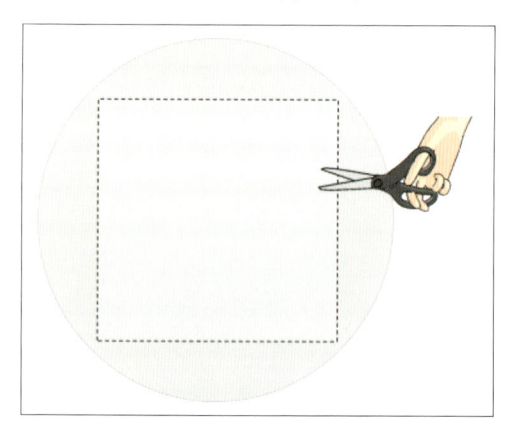

結果は、次の写真のようになりました。

右が「コーヒーフィルタ」での展開の様子。
左が「ろ紙」での展開の様子です。

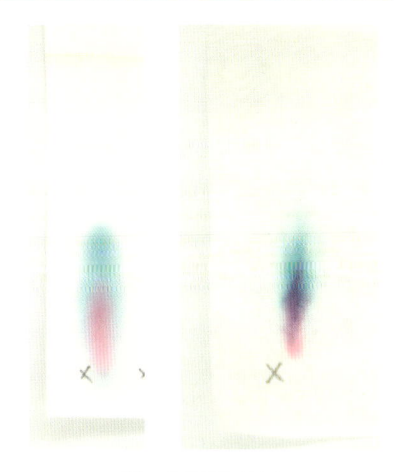

ろ紙の実験結果（左）

これを見ると、「ろ紙」のほうがキレイに分離されているのが分かります。

これは、「コーヒーフィルタ」の作りが均一でないため、水が上がる（色素が移動する）スピードに違いが出て、分離が悪くなったのだと考えられます。

できれば、「ろ紙」のように、なるべく均一な紙を使って実験するのがいいでしょう。

■「ペーパー・クロマトグラフィー」の原理

「クロマトグラフィー」は、物質を「分離」したりするときに用いられる方法です。

今回のように、「紙」で行なうのは、「ペーパー・クロマトグラフィー」。

ずいぶん古典的で簡単な方法ですし、「ペーパー・クロマトグラフィー"もどき"」と"もどき"を付けたのは、とても大雑把な方法で行なったからです。

正式な方法では、「×印」に色ペンで点を打つのは、とても小さな点にする必要がありますし、「空気の流れ」などの影響がないようにもしなければいけません。

また、「水」をどこまでも上げすぎてはいけません。

「ペーパー・クロマトグラフィー」は、水に対してどれだけ上がったかで、物質が何かを判定する方法だからです。

しかし、本書のような実験では、充分に利用する価値はあるので、「ペーパー・クロマトグラフィーもどき」で色を「分離」できる理由を解説しておきましょう。

＊

たとえば、「黒色の水性ペン」は、ラボでも分かったように「黒色」だけで出来ているわけではありません。

いくつかの色が合わさって、「黒色」に見えているのです。

「コーヒーフィルタ」を水につけると、フィルタの細い隙間を「水」が上がっていきます(毛細管現象)。

そのため、「水」が「黒色の水性ペン」で書いた点に到達すると、ペンに含まれるいくつかの「色素」は、それぞれの「色素」が、「水」と相性がどれだけ良いかによって、上に移動する様子が違ってきます。

「水」と相性が良い「色素」は、「水」とともに上まで移動し、相性の良くない「色素」は、あまり伸びずに留まります。

このような理由から、「黒色の水性ペン」に含まれるいくつかの色を「分離」することができるのです。

また、「水」ではなく別の液体、たとえば「アルコール」で分離すると、「アルコール」との相性の良さで移動の仕方が変わるため、また違った結果になります。

もちろん、違う「色素」だとしても、「水」との相性がまったく同じであれば、伸び方は同じになります。

そういった場合は、「2軸展開」で、2回目の展開を水とは違うもので行なうと、一度目では「分離」できなかった「色素」を、「分離」することもできるようになります。

　今回は、「コーヒーフィルタ」の作りが均一でなかったので、同じ「水」で、「黒色の水性ペン」を「2軸展開」することで、正確性が上がりました。

＊

　「クロマトグラフィー」には、「ガス・クロマトグラフィー」「液体クロマトグラフィー」「薄層クロマトグラフィー」「カラム・クロマトグラフィー」など、「移動相」（移動させるもの）によっていろいろな方法があります。

　化学の世界では、非常にオーソドックスな方法です。

参考サイト http://tsukuba-ibk.com/omosiro/2015/03/post-361.html

1-4　色が変わる水性ペン

 蛍光、お名前ペン、色素

■ なぞると「色」が変わる

「黒、青、緑、紫、赤」の「色ペン」と、1本の「白ペン」がセットになった、「色が変わる水性ペン」。

「色ペン」で書いたものを「白ペン」でなぞると、なぞった部分の「色」が変化するふしぎなペンです。

前節の「色が消せる水性ペン」の姉妹品です。

*

「『青』が『水色』に」、「『緑』が『黄緑』に変わる」というのは、なんとなくありそうですが、「黒ペン」で書いたものは、なんと「赤」に変わってしまいます。

また、「赤」は「黄色」に変わります。

なんだか頭がこんがらがりそうです。

色が変わる水性ペン

でも、前節を読んだ方なら、もう想像がつくと思います。

　それぞれの「色ペン」は、いくつかの「色」が混合されていて、そのうちのいくつかが「白ペン」で消えます。

　そして、残った「色素」が、"変わった「色」"として現われるのでしょう。

　さっそく、検証のラボをしてみましょう。

🔬 「ペーパー・クロマトグラフィーもどき」で検証ラボ

　「色が消せるペン」と同じく、「ペーパー・クロマトグラフィー"もどき"」を利用して検証を行ないます。

　手順などは、○○を参照してもらうとして、黒・青・緑・紫・赤ペンを展開した結果の画像が以下になります。

画像右は「コーヒーフィルタ」を用いた展開の様子。
画像左は「ろ紙」を用いて展開した様子です。

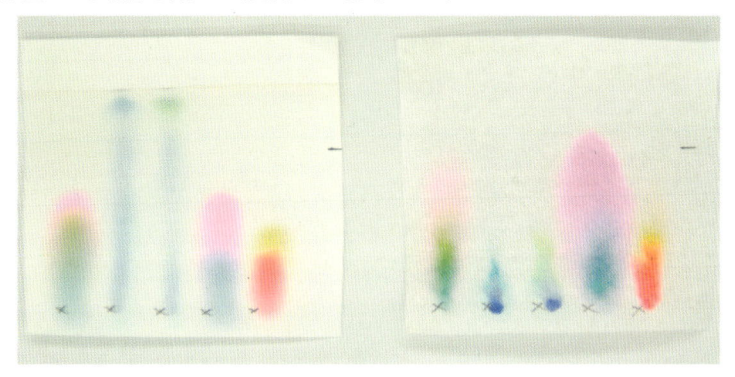

「色が変わるペン」を、「ペーパー・クロマトグラフィー"もどき"」した結果

　これらの情報から、どのように推理できるでしょうか。

　たとえば、「緑」は「紺、緑、黄色」から出来ていて、そのうちの「紺」が消えて、「黄緑」になったのではないでしょうか。

　また、「青」は、「紺、青」から出来ていて、そのうちの「紺」が消えて、「青」になったのではないでしょうか。

　「黒、赤、紫」についても考察できたら、次に進みましょう。

太く見やすくして検証

　考察が正しいかどうか、分離されたものに、「白ペン」を塗って観察してみましょう。

　分かりやすくするために、「色ペン」を打つポイントを「×印」ではなく、線状にして太く上がるようにしました。

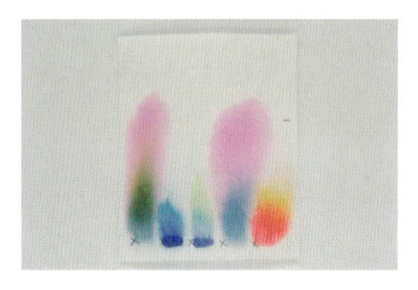

(a)色を分けたもの

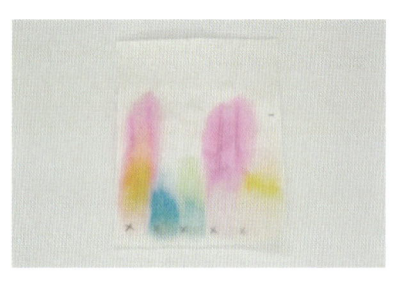

(b)(a)に「白ペン」を塗ったもの

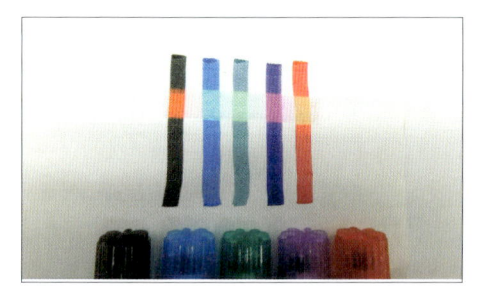

(c)「色が変わる水性ペン」に「白ペン」を塗ったもの

どうでしょうか。

(b)で出てきた「色」を合わせたら、(c)の「色」と同じになりそうですね。

＊

おまけで、「紫外線ライト」を当てたり、「普通の水性ペン」でも試してみましょう。

[1]「紫外線ライト」を当てて観察。

　　　色素の中には、「蛍光色」が見られるものがあります。

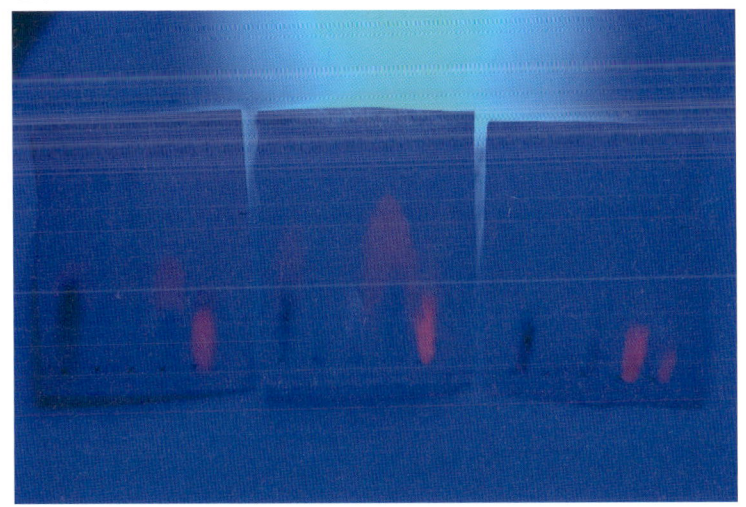

「紫外線ライト」で見える「蛍光色」

[2]「普通の水性ペン」で、「ペーパー・クロマトグラフィーもどき」をして（下画像左）、
　　「白ペン」を塗ってみる。

　　　下画像右のように、「普通の水性ペン」でも、「色」が消せる色素があるようです。

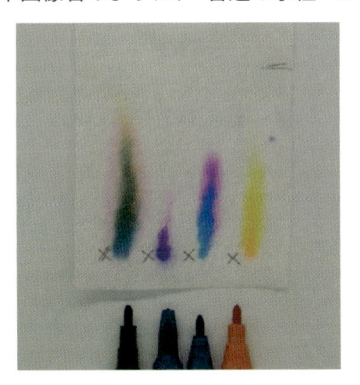 

「普通の水性ペン」にも消える色素がある

[3]「お名前ペン」で、「ペーパー・クロマトグラフィーもどき」をしてみる。

　　　「お名前ペン」は、「色素」があまり混ざっていないようです。

　「普通の水性ペン」でも、"「紫外線ライト」を当てると「蛍光色」を出す"「色素」もあるようです。

　たくさんの「色素」を合わせて、理想の色を作っているのでしょう。

　本節のはじまりでは、「黒」が「赤」に変わるなんて、**こんがらがりそうな話**でしたが、少しはスッキリしたのではないでしょうか。

　でも、「色素っていっぱいあるな」と思った人もいるかもしれません。

　たとえば、「色素」をたくさん混合させて、それをお友達に「ペーパー・クロマトグラフィーもどき」で分析してもらい、「元は何色か」なんてクイズも楽しいかもしれません。

　「色素」は、「食紅」をはじめとして、食料品売り場にもたくさん売っています。ぜひ、このラボを発展させてみてください。

（「色変わり色素」については、❷手作り工作編p.11 も参照してください）。

参考サイト　http://tsukuba-ibk.com/omosiro/2015/03/post-361.html

1-5 色が変わる水性の白ペン

 Key Word 「pH」による「色」の変化、「構造」による「色」の変化

■「色」を変化させる「白ペン」の仕組み

しつこいようですが、「色が消せる水性ペン」「色が変わる水性ペン」で、もうひとネタ。

実は、この2つで使っていた「白ペン」は、どちらも同じものです。
お互いを交換して使っても、問題ありません。

Lab「白ペン」の性質は？

この「白ペン」は、いったいどういった仕組みになっているのでしょうか。
正体を探ってみましょう。

【用意するもの】

・「色」が消せる「水性ペン」（100円ショップなどで購入可能）
・pH試験紙（「ドラッグストア」や「ホームセンター」などで購入可能）

[1]「pH試験紙」に、「白ペン」で線を書き、pHを確認。
結果は、次の通りです。

[実験結果]

　　　「白ペン」は、「アルカリ性」（「pH10」くらい）であることが判明しました。

　「pH試験紙」は、「リトマス試験紙」と同様にピンセットなどを使い、手で直接触らないようにしましょう（人間の手は酸性だからです）。

＊

　「白ペン」は「アルカリ性」であることが分かりましたが、この「白ペン」を日用品で代用することはできないのでしょうか。

　身近なものから、探してみましょう。

`Lab` 身近な「アルカリ性」のものを、「白ペン」として使ってみる

　身近な「アルカリ性」のものは、「洗濯石鹸」「洗濯洗剤」「キンカン」「パイプ用洗剤」「食器漂白剤」などがあります（❷**手作り工作編p.11**で詳しく解説します）。

　「pH10」以上はないですが、一応、「重曹」も試してみましょう。

「洗濯石鹸」は「アルカリ性」

【用意するもの】

・アルカリ性のもの（「重曹」「洗濯石鹸」「洗濯洗剤」「食器漂白剤」「パイプ洗剤」など）

【1】「色が変わる水性ペン」で書いた「線」に、「重曹」を「水」に溶かしたものを「綿棒」などで塗る。

　　　→特に変化はありません。

【2】「洗濯石鹸」で、こすってみる。

　　　→少しだけ、「白ペン」と同じ変化が起こりました。

[3]「pH10」以上の「洗濯洗剤」(ここでは、「トッププレケア エリそで用」を利用)を綿棒
　　に付けて塗る。
　　　　→「白ペン」と、ほぼ同じ変化が起こりました。

[4]「強アルカリ」と思われる、「食器漂白剤」を綿棒につけ、塗る。
　　　　→すべての「色」において、「白ペン」と同じ変化が起こりました。

[5]「強アルカリ」と思われる、「パイプ洗剤」を「綿棒」につけ、塗る。
　　　　→すべての色が消えてしまいました。

[実験結果]

■ 身近なものでも代用できるけど…

　この他にも、「白ペン」の代わりになりそうなものは、いくつか見つけるこ
とができました。

　しかし、すべてが「白ペン」と同様の変化をしたわけでありません。

　また、ものによっては「粘性」があったり、少し色が着いていて、使いづら
かったりしました。

　このようなことは、大げさに言うと、ハンドメイドで行なうサイエンスラ

ボの宿命かもしれません。

　そういうものだと理解するのも、大切なことです。

＊

　ただ、気にしなければならないこともあります。

　たとえば、「パイプ洗剤」では、すべての色が消えました。

　この原因は、「pH」による変化だけではなく、反応性が強いために、色素自体の構造が変化し、「消色」したのではないかと考えられます。

　もしかしたら、『色が変わる』というキーワードから、「この『白ペン』が『酸性』または『アルカリ性』で、その性質から色素を変化させているのでは」と考えた方もいたかもしれません。

　それももちろんあるでしょうが、こういった別の要因（構造上の変化）の可能性もあるということを考えるのも、大切なことです。

　見極める力が必要ですね。

■ 石鹸

　「洗剤」などは、キャップを閉めておけばあまり変化はありませんが、「洗濯石鹸」は放置しておくと、だんだん「アルカリ性」が弱まってきます。

　今回のようなことに使う際には、**封を切ったばかりの新しいもの**を使うのが、実験をうまくいかせるコツです。

　また、あまり手で触らないようにするのも大切です。

　なぜなら、空気中の「二酸化炭素」で酸化されることはもちろん、人の肌は「弱酸性」なので、触っている間に「アルカリ性」が弱まってしまうからです。

> ※なお、「ボディ用の石鹸」は、最初から「アルカリ性」はあまり強くないので注意してください。

参考サイト http://tsukuba-ibk.com/omosiro/2015/03/post-361.html

1-6 スパイペン

■ 見えない「インク」を見えるようにする「ライト」

「シークレット・ペン」「スパイ・ペン」などの名称で、100円ショップなどで販売されている、子どもたちに人気のペンを知っているでしょうか。

紫外線ライトがついたペン

そのペンで書いた文字は、普通には見えないのですが、ペンについている「紫外線ライト」を当てると、書いた文字が見えてくる、というものす。

このペンを使うと、文字以外の身近な日常品のヒミツも見えてきます。

さっそくラボしてみましょう。

🧪 Lab 日常品のヒミツを探る

身近なものを、「紫外線ライト」で照らしてみましょう。

注意点として、紫外線ライトは直接、目にしないようにしてください。失明の恐れがあります。

【用意するもの】

- ・シークレットペン(100円ショップなどで購入可能)
- ・白いもの(軍手、キッチンペーパー、シール、コーヒーフィルタ、マスク、コピー用紙など)
- ・洗濯した洋服
- ・使用ずみのハガキ
- ・パスポート
- ・1万円札
- ・クレジットカード
- ・夏みかん
- ・チョコラbb
- ・入浴剤(バスクリンの「黄色202」という色素が入っているもの)
- ・アコヤガイ(手に入れば)
- ・マユ(手に入れば)
- ・ウランガラス(手に入れば)

[1] 白いものに、ライトを当ててみて、「青白く輝くもの」とそうでないものに分けてみる。

　あまり変化がないものは、「コーヒーフィルタ」「キッチンペーパー」などの、身体や食品と直に接するようなものが多いようです。

　他にも、「包装材」「紙ナプキン」「脱脂綿」「ガーゼ」などが挙げられます。

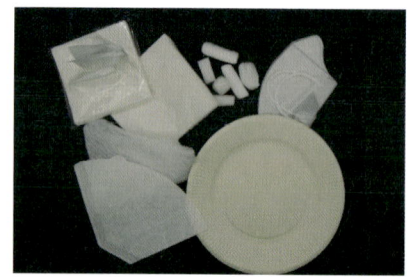 

(左)は「光らない」もの、(右)は「青白く輝く」もの

[2]「洋服」に、ライトを当ててみる。

　「白く」なくても、「輝く」部分があると思います。

　これは、洗剤に使われている「蛍光増白剤」によるものです。

　「蛍光増白剤」は、「紫外線などが当たると白さを増す」という特長をもっており、そういった物質が使われている洗剤にライトを当てると、青白く輝くのを観察できます。

　もともとの繊維や糸に、「蛍光増白剤」が使われていることもあります。

※「蛍光増白剤」が使われている衣類の黄ばみに青い光を足すと、白っぽく見えて、黄ばみを感じにくくなります。
　「蛍光増白剤」は紫外線が当たると効果が出ますが、紫外線は「太陽光」や「蛍光灯」などの光に含まれています。
　しかし、最近は「LED」の光が使われる環境も多くなってきているため、そのような環境下では、「蛍光増白剤」は効果が見られにくいかもしれません。

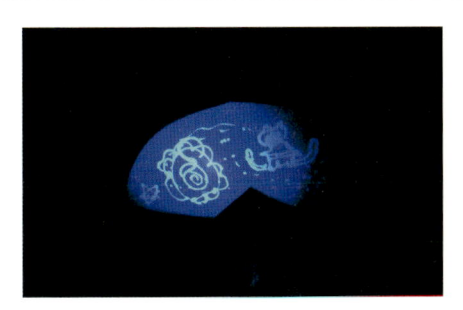

「コーヒーフィルタ」に「蛍光増白剤」入りの「洗剤」で絵を描いたもの

[3]「1万円札」「パスポート」「使用ずみのハガキ」にライトを当ててみる。

　「1万円札」や「クレジット・カード」などには、偽造防止のために、紫外線が当たると、「像」が浮き出てくる仕組みがあります。

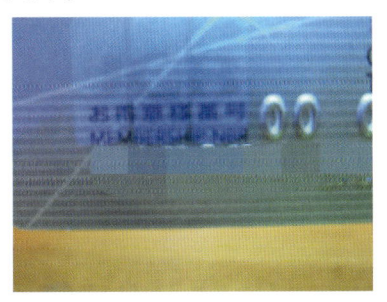

パスポートとクレジット・カード

また、「使用ずみのハガキ」は、「バーコード」が浮き出てきます。

可視化しないでもいい情報が印字されているのです。

　同じような理由で、「遊園地の入場のスタンプ」なども、紫外線が当たると浮き出るインクが使われています。

使用済みのハガキ

[4]「夏みかんの皮の汁」を「コーヒーフィルタ」にかけて、ライトを当てて見る。

　「汁」がかかった部分が、輝きます。

汁がかかり輝く部位

　「夏みかんの皮」には、「紫外線」が当たると、「蛍光」を発するような成分が含まれているようです。

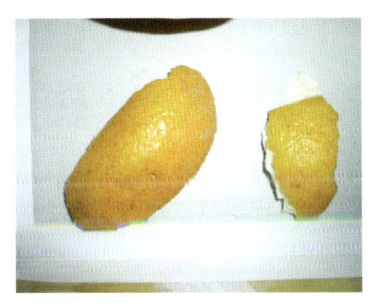

紫外線を当てると輝く

この他にも、エーザイ社の「チョコラBB」という医薬品にライトを当てると、光り輝きます。

紫外線を当てると光るチョコラBB

「チョコラBB」には、紫外線を当てると光る「ビタミンB2」が含まれているためです。

その他にも、「アコヤガイ」「マユ」「ウランガラス」や、先ほど出てきた「蛍光増白剤入り洗剤」にも、「紫外線」を当ててみましょう。

それぞれ、光り輝いていることが分かります。

発光する「アコヤガイ」(左)、マユ(右)

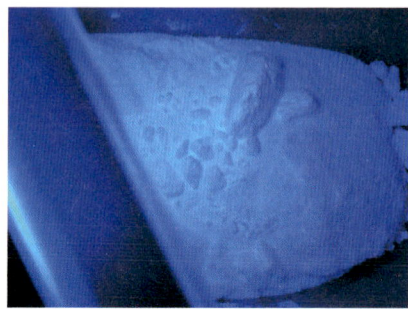

発光する「ウランガラス」(左)、「蛍光増白剤」入りの洗剤(右)

※「紫外線ライト」の波長は、商品で違いがあります。本書の画像とは、違った見え方になるものもあるかもしれません。手に入る「紫外線ライト」を使って、トライしてみてください。「紫外線ライト」は、直接目にしてはいけません。

参考サイト http://tsukuba-ibk.com/omosiro/2016/12/post-407.html

第2章 ハンドクラフトを使った実験

　「趣味の手芸」の材料は、最近では安価に手に入れることができるようになり、プロ顔負けのグッズが作れます。

　子供の「おもちゃ」も、カラフルでかわいいものがいっぱいです。

　これら材料の科学的な原理が分かれば、オリジナル・グッズが作れるかもしれません。

　ぜひ、作って楽しんでみてください。

2-1　アイロンビーズ

Key Word ポリエチレン、熱変形温度、ポリマー、ゴム状態

■ 柔らかくなって、くっつく「プラスチック」

　カラフルなビーズを使って、手軽にポップな作品ができる「アイロンビーズ」。

アイロンビーズ（右下2つはペットボトルのキャップに付けた）

　「アイロンビーズ」を販売している(株)カワダのサイトでは、

> アイロンを使って、簡単にモチーフが作れる楽しいビーズです。
> 好きな絵や形にカラフルなビーズを並べて、アイロンで熱します。

と、紹介されています。

　「プラスチック」を溶かして、冷まして、固めて作品にする。

＊

　ラボにならないような気がしますが…いやいや、そういう解釈は違うかも。
さっそくラボしてみましょう。

「アイロンビーズ」を「アイロン」で熱する

まずは、普通に「アイロンビーズ」を楽しんでみましょう。

【用意するもの】

・アイロンビーズとプレート(100円ショップなどで購入可能)
・アイロン(スチームは使わない)
・アイロンペーパー(100円ショップのクッキングペーパーでも代用可)
・ピンセット(手元にあれば)

次の手順で、作業を行なってください。

[1]「アイロンビーズ」でプレートの上に好きな絵柄に置く。
[2]「アイロンペーパー」を上に置き、「アイロン」をかける。
[3] ゆっくりはがして、ひっくり返し、再度「アイロン」をかける。

短時間で簡単に作品が出来上がります。

「アイロン」の温度は、説明に従ってください。

 「アイロンビーズ」を「ホットプレート」に乗せてみる

たとえば、「140℃のホットプレート」の上に「アイロンペーパー」を置いてビーズを並べたら、同じことができるのでしょうか。
実は、そう簡単にはいきません。
なかなかくっつかないのです。

「温度が足りないのかな、ビーズの融点は何度だろう？」と考えているうちに、しびれを切らして、上から指でぎゅっと押さえたりすると、くっついたりします。

これはどうしてでしょう。

実は、「アイロンビーズ」は、ただ単にビーズに「熱」を加え、溶かしてから固めているのではなく、ビーズに「熱」を加えて柔らかくしてから、力をかけくっつけているのです。

「『アイロン』で、『熱』とともに力もかけること」、そして「とかしてではなく、柔らかくしてくっつけること」。

これがポイントなのです。

■「プラスチック」は温度によって、「ガラス」「ゴム」「水あめ」の状態に？

「アイロンビーズ」は、「プラスチック」で出来ています。

室温では硬い「プラスチック」は、温度を上げていくと、「ガラスのようなカチカチの硬い状態」から、「ゴムのように柔らかい状態」を経て、「水あめのように流れる状態」へと変化します。

硬い氷が0℃で"シャバシャバ"の水に一気に変化するのとは違う2段の状態変化を起こし、またその変化する温度には幅があります。

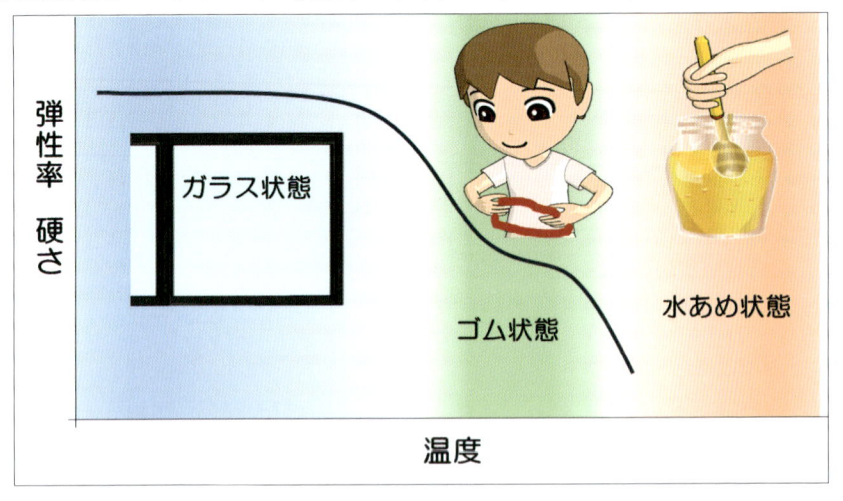

「プラスチック」の温度による変化

こういった、「プラスチックが柔らかくなる温度」を考える目安は、その測定方法によって、「熱変形温度」「荷重たわみ温度」「ガラス転移温度」など、いくつかの種類があります。

「アイロンビーズ」の作成方法がそれぞれの測定方法と同じでないにせよ、参考にするといいでしょう。

　ちなみに、「アイロンビーズ」の素材は、「ポリエチレン」(「低密度ポリエチレン」)で、「熱変形温度」($18.5\mathrm{kg/cm}2$)は、「32〜40℃」です。

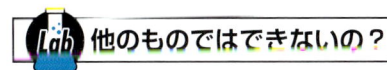 **他のものではできないの？**

　身近な材料で、「アイロンビーズ」の代わりになるものはないでしょうか。

　100円ショップを回ってみたのですが、「ポリエチレン」製のものはあまり見つけることはできませんでした。

　そこで、「同じような粒はないかな？」と思って探したところ、「ポリスチレン製のBB弾」が目に留まりました。

＊

　これを使って、さっそくラボを開始しましょう。

ポリスチレン製のBB弾

【用意するもの】

・BB弾(100円ショップなどで購入)

【1】「BB弾」をプレートに乗せて、「アイロン・シート」を置き、「アイロン」で熱を加えて、「アイロンビーズ」との違いを見る。

　　　時間がかかりますが、一応「アイロンビーズ」と同じように作れます。

　　　しかし、出来栄えは次の写真の通り、ちょっと残念な感じです。

「BB弾」で実験してみた結果

「ポリスチレン」の「熱変形温度」は、「104℃」。
「ポリエチレン」より、高温になるのに時間がかかったのでしょう。

　また、形状が「球体」なので、力のかかり具合が均等にならず、「たこ焼き」みたいになりました。

　「アイロンビーズ」の筒状の形状は、圧力を均等にして、キレイに仕上げるためにも大事なのかもしれません。

■「プラスチック」についての知識を深めよう

　日本のプラスチック生産量において、「ポリエチレン」が占める割合は、常に第1位です(2017年時点)。

　「ポリエチレン」は、「プラスチック」素材の中で最もシンプルな構造であり、安価で加工しやすいため、大量に生産され、大量に消費されている材料です。

　「ポリエチレン」を例に、「プラスチック」についてほんの少し、知識を深めておきましょう。

*

　そもそも「プラスチック」は、「低分子」の「モノマー」が、繰り返したくさん結合(重合)してできた「高分子」(ポリマー)で、「ポリエチレン」は、「炭素原子2つ」と「水素原子4つ」からなる「エチレン」を、たくさんつなげたものです。(下図参照)

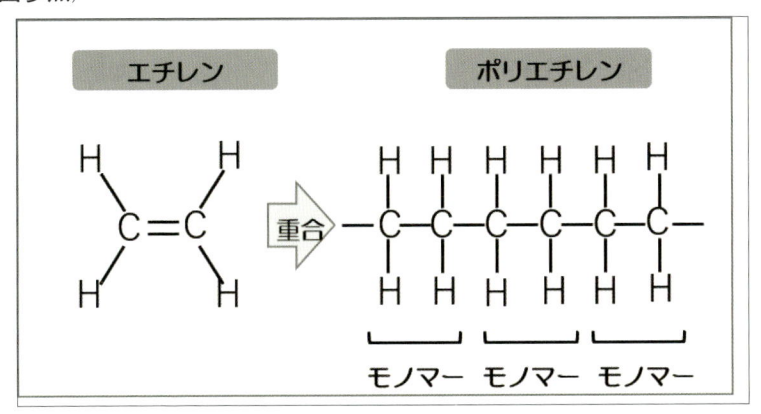

「ポリエチレン」の化学構造

　「ポリエチレン」は、「ラップフィルム」や「ビニル袋」などに使われています。

　また、「タッパー容器のふた」には、「ポリエチレン製」のものがあります。

　「タッパー容器」の木体は硬い「ポリプロピレン」でしっかりさせて、ふたは開けやすいように柔らかい「ポリエチレン製」のものを使っているのだと考えられます。

ちなみに、「BB弾」に使われている「ポリスチレン」は、「インサート・カップ」などに使われています。

「熱変形温度」は、「104℃」。「熱変形温度」が40℃ほどの「ポリエチレン」では、「インサート・カップ」の仕様は耐えられないでしょう。

参考サイト http://tsukuba-ibk.com/omosiro/2018/09/post-437.html

2-2 プラバン

Key Word ポリスチレン、シュリンク・フィルム、プリフォーム

■ 伸ばされて形作られた「プラスチック」

「プラバン」（プラ板）とは、「プラスチック」の板に「油性ペン」で絵を描き、それを「オーブン・トースター」に入れて「加熱」し、縮めてオリジナルのキーホルダーなどを作る工作です。

子供にはもちろん、大人にも人気の工作で、経験した人も多いのではないでしょうか。

「惣菜容器」や「インサート・カップ」で作った「プラバン・グッズ」

　「プラバン」をやったことがあると、「プラスチックは、熱すると縮む」と思いがちですが、すべての「プラスチック」が熱すると縮むわけではありません。

　ここでは、「プラバン」をラボして原理を学び、「プラバン」を極めてみましょう。

　■■■ **身近な「惣菜容器」で「プラバン」**

　まずは、身近なもので、「プラバン」をやってみましょう。

【用意するもの】

・惣菜容器
・オーブントースター
・油性マジック
・アルミトレー

　ラボは、以下の手順で行なってください。

[1]「惣菜容器」のフタの平らな部分を切り出す。

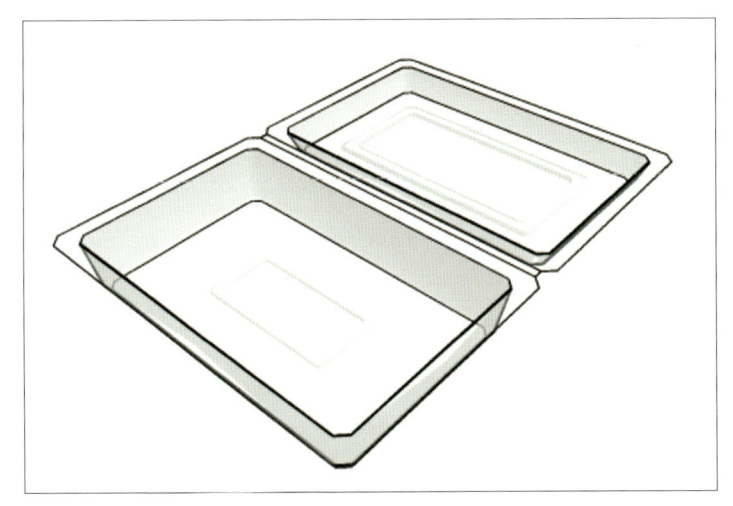

「天板」部分を切り取る

【2】切り出した部分に、「油性ペン」で絵を描く。

絵は自由に描いてOK

【3】「アルミトレー」の上に置き、「オーブン・トースター」に入れて加熱。

　「オーブン・トースター」の中で縮みはじめると、"ぎゅっ"と丸まり、その後は平たくなります。

【4】縮まったら取り出し、すぐに上から「平たいもの」（本やトレー）で押さえて、キレイに平らにする。

　おおよそ、3分の1ほどに縮みます。

■ どうして縮むのか

　「オーブン・トースター」に入れた「惣菜容器」（プラスチック）は、どうして縮むのでしょうか。

　「プラスチック」には、「熱」を加えると、「縮む性質」があるのかもしれません。

　あまりなじみがないかもしれませんが、「ペットボトル」に張り付いている「ラベル」も「プラスチック」で出来ています。

　今回は、この「ラベル」を使って、「プラバン」の原理に迫ってみましょう。

＊

「ラベル」には、次のような記号がついているものがあります。

「ラベル」についている記号

　この画像から、「ペットボトル」は「PET」（ポリエチレンテレフタラート）。「キャップ」は「PP」（ポリプロピレン）、「ラベル」は「PS」（ポリスチレン）であることを示しています。

　この「ポリスチレン」製の「ラベル」、「ペットボトル」に"ピタッ"と貼り付いていますが、どうやってこんなにピッタリに貼り付けられるのでしょうか。

＊

まず、次の図を見てください。

ラベルの貼り付け手順

実はこの「ラベル」、最初は①のよう細いものでした。

それに「熱」を加えて柔らかく（溶融）して、「ペットボトル」より太いくらいまで引き伸ばします。

その後、「冷却」して形を固定し、「商品名」などを印刷し、②のように「ペットボトル」にかぶせます（このときは、無理矢理引き伸ばされた状態になっています）。

これに「熱」を加えると、元の安定した状態に戻ろうと③のように縮み、「ペットボトル」にピッタリと貼り付くのです。

「熱を加えると、縮む」って、あれれ…「プラバン」と同じですね。

実は、「ラベル」は英語で『シュリンク・フィルム』と言います。
「シュリンク」とは「縮む」という意味で、「プラバン」は『シュリンク・プラスチック』と言うのです。

まさに、これが「プラバン」工作の原理。

「プラバン」に使われている「プラスチック」の板も、もともと無理矢理引き

伸ばされているので、「オーブン・トースター」に入れ「加熱」すると、元の安定した状態に戻ろうと、縮むのです。

＊

p.55でも説明したように、「プラスチック」は、「低分子」の「モノマー」が繰り返したくさん「結合」(重合)してできた、「高分子」(ポリマー)です。

「プラバン」工作によく使われる「ポリスチレン」は、「スチレン」をたくさんつないだものです。

そして、その「ポリマー」がたくさん集まって、"糸マリ"のようになっています。

分かりやすいように、「ポリマー」をペットボトルのラベルの説明の下に書いてみました。

＊

「ラベル」での説明は、③の状態で終わりましたが、実はさらに「熱」を加えると、もう少し縮まる余地があります。

そのため、「ラベル」を「ペットボトル」から外し、他の小さめの容器にかぶせて「熱」を加えると、さらに縮んで④のような面白いグッズが出来ます。

「ポリマー」の状態の遷移

台所洗剤にラベルを装着

■「ラベル」で「プラバン」

　次の写真は、「ペットボトル」などから外した「ラベル」を、上から時計回りに、「スプレー容器」「醤油さし」「マッキー」などにかぶせて、熱湯につけて縮めたものです。

いろいろな「ラベル」を「プラバン」工作

　火傷しないように、ラボしてみてください。

※最近の「ラベル」は、縮みにくいものもあります。
　そのようなものは、手触りがシャリシャリしていない、薄いなどの特徴があるので、注意してください。

Lab 「ポリスチレン・カップ」でも「プラバン」

　立体の「カップ」で「プラバン」を行なうと、描いた絵が不思議な感じに縮んで、楽しさ倍増です。

　さっそく「ポリスチレン」の「カップ」を使って、ラボしてみましょう。

【用意するもの】

・ポリスチレン製インサートカップ
・シリコーン製惣菜入れ（100円ショップなどで購入可能）
・筒状にしたミラーシート（なくてもOK）

　ラボは、以下の手順で行なってください。

---

[1]「インサートカップ」の外側に、「油性ペン」で絵を描く。

[2]アルミトレーに「シリコーンのカップ」を逆さまに置き、「インサートカップ」をかぶせる。

[3]「オーブン・トースター」に入れて加熱。

　「シリコーンの容器」を使うと、くっつくことなくキレイに縮んでいきます。

[4] 縮まったら、「オーブン・トースター」から「アルミトレー」ごと取り出し、ひっくり返し、平たくして冷ます。

[5] 冷めたら、真ん中に「筒状のミラーシート」を置き、観察する。

　「ミラーシート」に映し出された絵は逆さまですが、最初の絵に戻ったように見えます。鏡のふしぎですね。

■ 出来たもので、「プラスチック」の成り立ちを考えよう

ぺったんこになった「インサートカップ」の絵は、最初に書いた絵と違っています。

この絵の縮み具合で、どの部分がいちばん引き延ばされていたか、などを考察できるはずです。

縮まった「インサートカップ」は、少し厚みが増し平たい丸い板になっています。実は、これが成形される前の「インサートカップ」の状態です。

工場では、「ポリスチレン」のシートを、「金型」に押し付けたりして、「インサートカップ」に「成形」（深絞り）しているのです。

■ 「他のプラスチック」でも、「プラバン」はできる？

では、引き伸ばして形作られた他の「プラスチック」── たとえば「ペットボトル」（PET：ポリエチレンテレフタラート）ではどうでしょうか。

「ペットボトル」は、「プリフォーム」（**次の写真の中央**）に「熱」を加えて、柔らかくして「溶融」し、空気を吹き込んで「成形」しています。

「プリフォーム」（手前）を成形することで、「ペットボトル」を作っている

協力：キリン（株）

ずいぶん膨らませて「成形」されているようなので、相当縮むだろうと思ったのですが、思ったようには縮みませんでした。

切り出したもの(上)に色を付け「プラバン」工作

ペットボトルの材質のポリエチレンテレフタラートは、これまで説明してきたポリスチレンとは違って『結晶性のポリマー』で、熱をかけて引っ張ると、小さな結晶が無数にできます。この結晶が収縮を阻止するので、オーブントースターの温度くらいでは、元に戻らないのでしょう。

いろいろな「プラスチック」製品でラボして、そのプラスチックの特性を探ってみてください。

※なお、この実験の温度では、「プラスチック」から「分解ガス」などが出ることはありませんが、念のため換気に気を付け、火傷をしないよう軍手などを着けて行なうようにしてください。

参考サイト http://tsukuba-ibk.com/omosiro/2015/11/post-380.html

2-3　アクアビーズ

Key Word ポリビニルアルコール、ヒドロキシ基、偏光膜

■「水」でくっつく「プラスチック」

エポック社から「アクアビーズ」という製品が出ています。

アクアビーズ

サイトには、

> アクアビーズは、水でくっつく不思議なビーズ。
> イラストシートに合わせてビーズを並べたら、スプレーで水をかけよう。
> 水が乾くと、ビーズがくっついて、固まるよ！

とありますが、ビーズに接着剤でもついているのでしょうか。

さっそくラボで解明してみましょう。

Lab 「アクアビーズ」を使ってみよう

まずは、「アクアビーズ」がどんなものか、実際に遊んでみましょう。

ただし、普通に使っても面白くないので、「ドーム状」のものを作ってみたいと思います。

【用意するもの】

・アクアビーズ
・スプレー
・LEDライト（100円ショップなどで購入可能）
・ガチャガチャなどの容器

ラボは、以下の手順で行なってください。

[1]「ガチャガチャなどの容器」の内側に、「アクアビーズ」を並べて、「水」をスプレー、でかける。

[2] そのまま10分ほど置き、その後「ガチャガチャの容器」から外して、乾燥させる。

「アクアビーズ」がドーム状に固まった

これで、「ドーム状」のものが出来ます。
かなり、しっかりとくっついています。

[3]「LEDライト」を点灯させて、上に②で出来たものをかぶせる。

ライトの色がランダムに変化するものだと、ビーズの色もライトによって変化します。

ドームの中からライトを当ててみる

■ どうして「水」だけでくっつくのか

「アクアビーズ」は、なぜ「水」だけでくっつくのでしょうか。

エポック社のサイトには、

> ビーズの原料には、切手の裏の糊(のり)にも使用される「ポリビニルアルコール」
> が使われています。
> 水をかけると、この成分がとけて、隣のビーズとくっつくのです。

と説明があります。

糊の原料である、「ポリビニルアルコール」(PVA)が使われているようです。

PVAが使われている液体のり

では、「アクアビーズ」の表面に、「PVA」が塗布されているのでしょうか。

さっそく、ラボしてみましょう。

 ## 「アクアビーズ」がくっつく仕組みを調べよう

ラボは、以下の手順で行なってください。

[1]ビーズを3個ほど、少量（20ccほど）の「ぬるま湯」につける。

[2]1つのビーズを手に取り、指でこすってみる。

　「ぬるま湯」につけて指でこすると、少しヌルヌルします。
まさしく、糊がとけ出た、という感じです。

　さらにこすると、ビーズがだんだん小さくなってくるのが分かります。

　一方、「ぬるま湯」に浸かったビーズを放置しておくと、水はビーズの色になり、半日ほどすると溶けてなくなってしまいます。

　このことから、ビーズの表面に「PVA」を塗ってあるのではなく、"ビーズ全体が「PVA」で作られている"ようです。

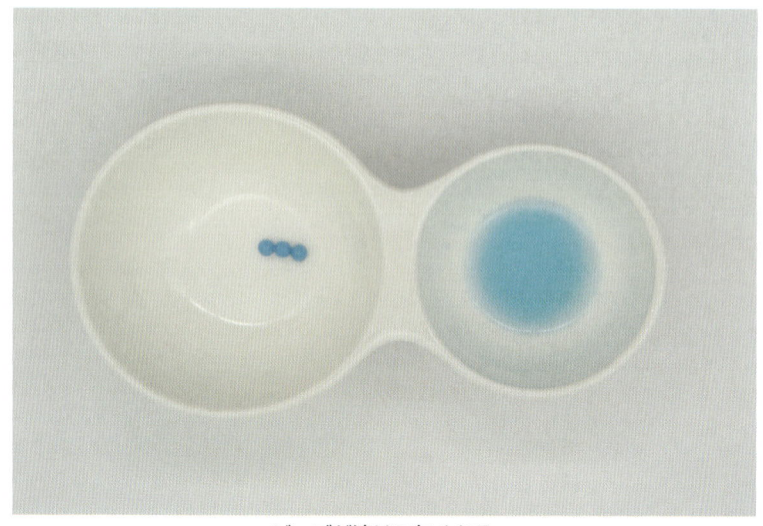

ビーズが溶けて無くなる

[3]「アクアビーズ」が溶けた水を、平たいプラスチック皿に入れ、自然乾燥させる。

1〜2日すると、しっかりした「フィルム」になります。

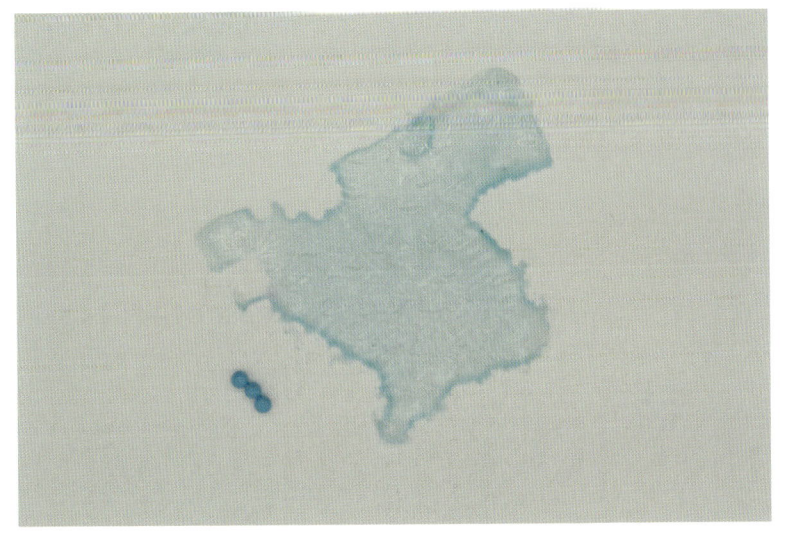

水分がなくなると、フィルム状に固まる

■「PVA」とは

では、「PVA」とはいったいどんな物質なのでしょう。

「PVA」は、「フィルム」に成形することもできる「プラスチック」です。
先ほどの実験でも、簡単ではありますが「フィルム」になりましたね。

また、その「水溶液」は、「**液体糊**」や「**洗濯糊**」としても販売されています。

さらっと、「水溶液」と書きましたが、「PVA」は「プラスチック」としては珍しく、「**水に溶ける**」という性質をもっています。

この性質があるのは、水に溶ける性質を高める「**ヒドロキシ基**」（水酸基：-OH）をたくさんもっているためです。

実は、「水」も「ヒドロキシ基」を持っています。

似た者同士は、溶けやすいのです。

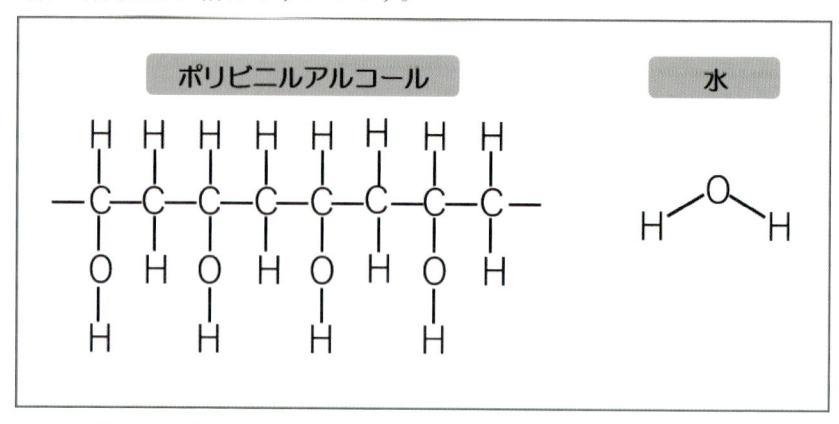

「PVA」と「水」は、「ヒドロキシ基」を共通でもっているため、溶けやすい

　「水」や「PVA」と同じく、「ガラス」や「金属」も「ヒドロキシ基」をたくさん持っています。

　そのため、「PVA」は、「ガラス」や「金属」との接着性も良く、「合わせガラス」の「中間膜」として使われたりしています。

＊

　「PVA」のこのような性質を利用して、「水に溶けるフィルム」を作ることもできます。

　「第3の洗剤」と呼ばれている、「洗濯洗剤を入れたジェルボール」のフィルムにも使われています。

水に溶けるフィルムを利用した「ジェルボール」

でも、「水に溶けやすいPVAが、洗濯洗剤を保持できるの？」と思う人もいるかもしれません。

いくつか理由は考えられそうですが、この辺りは企業秘密があるようです。

> ※「ガラス」や「金属」と接着性が良いと書きましたが、「アクアビーズ」に水をかけた後、今回は「プラスチック」のトレーで乾かしますが、これを「アルミホイル」や「ガラス」の上において乾かしてみたところ、少し剥がしにくく感じました。

■「偏光膜」は「PVA」

「タブレット」や「テレビ」などの液品に使われる「偏光膜」にも、「PVA」が使われています。

「PVA」が、「フィルム」に成形しやすい「結晶性ポリマー」であること、そして、「偏光膜」に使われている「ヨウ素」と相性が良いためです。

> ※「ヨウ素でんぷん反応」でおなじみの「ヨウ素」ですが、小学校の実験では、反応の例として天然の「でんぷん糊」が使われることがあります。
> 　それは、「ヨウ素」と「でんぷん糊」（ヒドロキシ基をたくさんもっている）の相性がいいからでしょう。
> 　これは、「PVA」が、「ヨウ素」と相性がいいことと、つながりそうですね。

しかし、「PVA」で出来た「偏光膜」だけではすぐに裂けてしまうので、「保護膜」を利用して「偏光板」にする必要があります。

「保護膜」としては、「TAC（トリアセチルセルロース）フィルム」や「PET（ポリエチレンテレフタラート）フィルム」「アクリル・フィルム」などが使われます。

なお、「TACフィルム」とは、レントゲン画像などの「フィルム」に使われている、お医者さんがライトの前にカチッと差し込む、硬めの「フィルム」です。

参考サイト http://tsukuba-ibk.com/omosiro/2018/09/post-437.html

2-4 UVレジン

Key Word 光硬化性樹脂、サーモ顔料、UVライト

■「紫外線」で固まる「プラスチック」

日本語で、「UV」は「紫外線」、「レジン」は「樹脂」です。

「UVレジン」と「アクセサリー」

「紫外線」は、人間が色として感じることができる「可視光」よりも、「エネルギーの高い光」です。

悪いイメージばかりではないのですが、「日焼け」など肌にダメージを与える光として有名ですね。

「樹脂」のほうは、今回はざっくりと「プラスチック」と思えばいいでしょう。

*

ドロドロした「水あめ」のような「UVレジン」は、「型」に注入し、「紫外線を出すライト」や「太陽光」などを当てると固まります。

最近は100円ショップでも手に入るので、手軽なアクセサリー作りなどに使われています。

(「紫外線を出すライト」は、「UVライト」や「UV-LEDライト」という名前で販売されています)。

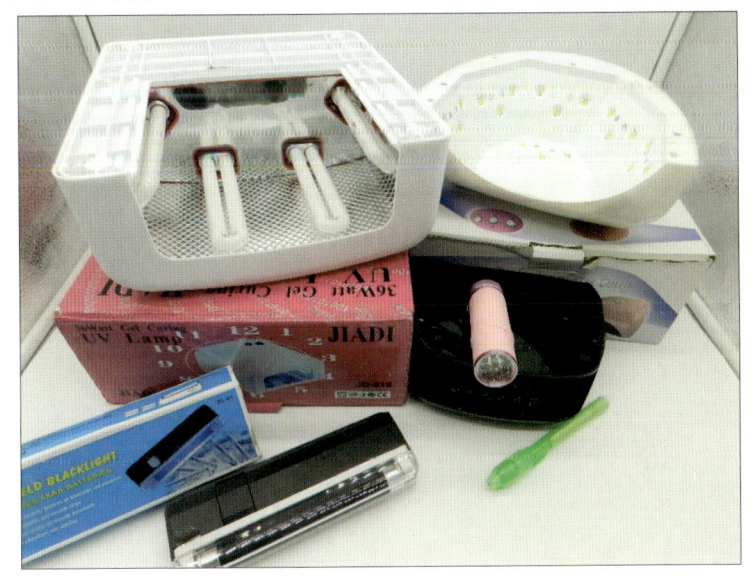

いろいろな紫外線ライト(左は蛍光灯タイプ、右はLEDタイプ)

では、ちょっと「理科ネタ」を入れながら、「UVレジン」をラボしてみましょう。

「UVレジン」や「UVライト」の説明書には、「光の照射時間」などが書いてあるので、それに従ってラボしてください。

また、「UVレジン」は手に付くとかぶれることがあるので、「手袋」を着け、換気をよくして作業しましょう。

 「虫メガネの原理」で、大きく見せる

まずは、「UVレジン」を「レンズ」のように使ってみましょう。

【用意するもの】

・紫外線ライト(UVライト、UV-LEDライトなど)
・レジン液(100円ショップやネットで購入可能)
・型(球状のものがベストですが、錠剤の容器でも可)
・中に入れるもの(「ビーズ」や「ドライフラワー」など)

ラボは、以下の手順で行なってください。

【1】「型」に「レジン液」を注入し、「ビーズ」や「ドライフラワー」などを入れる。

【2】「紫外線ライト」を当てて、硬化させる。

【3】硬化したことが確認できたら、「型」から取り出し観察する。

紫色の花形ビーズ(左下)を、錠剤容器(右)に入れ、左上のものができた

「花」が大きく見えます。

　これは、球面になった「レジン」が、「凸レンズ」の役割を果たしているためです。

　「紫色の花形ビーズ」からの光は、「実線」のように届きますが、人間は、光はまっすぐに進んできていると思うので、「点線」の方向に、「花」があると思うのです。

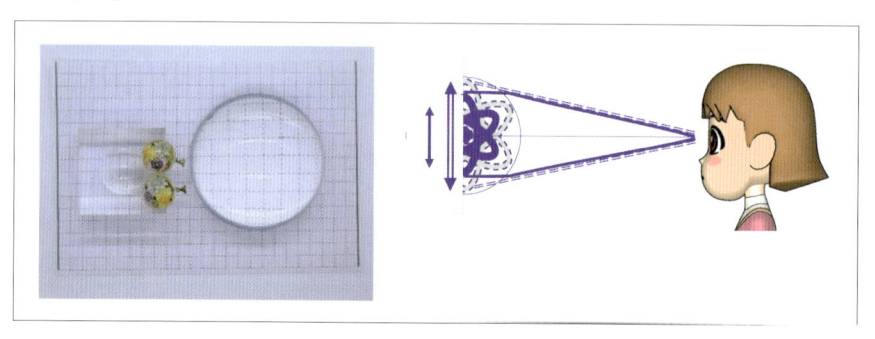

左は半球レンズを方眼紙の上に置いてみたところ

そのため、出来上がりの形状を「球体」にすると、「レジン」の中に入れるものは小さくても、見た目には大きく感じるようになります。

 お手軽「コピー・レジンクラフト」

「クリアホルダー」に描いた絵を、「UVレンジ」にコピーしてみます。
もっともお手軽かつ安価で、失敗しない方法です。

【用意するもの】

・レジン液ハードタイプ（100円ショップなどで購入可能）
・紫外線ライト（「UVライト」「UV-LEDライト」など。太陽光対応のレジン液なら太陽光でOK）
・クリアホルダー（100円ショップなどで購入可能）

ラボは、以下の手順で行なってください。

[1]「クリアホルダー」をカットし、「油性マジック」で絵を描く。

[2] 絵の上に、「レジン液」を流し、上からもう1枚「クリアホルダー」を載せ、「UVライト」を当て硬化させる。

空気が入らないようにしましょう。「レジン液」の量は、少なければ薄く、多ければ厚く仕上がります。

材料（左）と硬化する前（右）

[3] 硬化したことを確認して、ゆっくり剥がす。

ゆっくり剥がすと、出来上がった「レジン」に、描いた絵が写し取られて「パネル」になっています。

また、触って暖かいことも覚えておいてください。

パネルになったものを、クリップで立ててみた

自分が描いた絵が写し取れる（コピー）のは、何とも楽しい作業です。
薄くすると「UVレジン」が少量ですむのもいい点です。

でも、それだけではちょっと物足りないので、次のラボに進みましょう。

 「ふしぎな粉」でアレンジ

「コピー・レジンクラフト」に、少し工夫を加えます。

【用意するもの】

・蓄光パウダー（100円ショップなどで購入可能）
・サーモ顔料 赤（ネットショップなどで購入可能）
・クリアホルダー（100円ショップなどで購入可能）
・つまようじ

ラボは、以下の手順で行なってください。
あらかじめ、クリアホルダーには絵が描いてある状態で進めています。

[1]「レジン液」に、「蓄光パウダー」または「サーモ顔料」を少し入れて、「つまようじ」
で混ぜ、絵の上に流して「コピー・レジンクラフト」と同様の手順を行います。

「レジン液」を絵の上に流し、その後、「蓄光パウダー」や「サーモ顔料」を少し振
りかけ、「つまようじ」で均一にしてもいいのですが、絵を「つまようじ」でこすっ
て消してしまう恐れがあるので、先に混ぜたほうがいいでしょう。

[2] 硬化したことを確認して、ゆっくり剥がす。

「蓄光パウダー」を入れたものは、光を当てると、暗闇でボーッと光ります。

「サーモ顔料　赤」を入れたものは、「UVライト」を当てる前だと、「レジン液」が赤く色づいていますが、硬化すると暖かくなり、色も透明になります。

硬化前(左)と、硬化後(右)

そして、しばらくして室温に戻ると、また赤くなります。

赤くなったものを指でさわると、指の「熱」で、また「透明」になります。

上半分を指で触ったために、透明になっている

ちょっとした手品みたいなシートです。

■ どんな変化が起こっているの？

今回の「サーモ顔料」は、"一定の温度（今回は31℃）以上になる"と、赤が白っぽく変化します。

「サーモ顔料」を入れた「レジン液」は、硬化する前は「サーモ顔料」の色(赤)ですが、「UVライト」を当てて硬化が終わったころには、透明になっています。

これは、「レジン液」が「UVライト」の光を受けることによって化学反応が起こり、「熱」が発生したため、「サーモ顔料」の色が変化したのです。

つまり、触って暖かいのは、「反応熱」のせいでした。

出来たばかりのものは、表面はすぐ室温に戻るのですが、だからといってすぐに赤色には戻りません。

一度、冷凍庫に入れて、充分(と言っても10秒ほど)に温度を下げる必要があります。

また、「金属」のような「熱伝導率」が高いものの上に置くと、温度の変化が早まります。

> ※なお、今回使った美和田屋の「サーモ顔料」は、"白っぽく変化する"と説明があるのですが、実際には透明になります。
> 　この詳細については、**p.13**を参照してください。

■ どうして固まるの？

「レジン液」には、「**光硬化性樹脂**」が使われています。

「光硬化性樹脂」は、光が当たると固まる「プラスチック」で、今回は「紫外線」で固まるので、「**紫外線硬化性樹脂**」となります。

これは、いったいどういうものなのでしょうか。

*

p.55にもあるように、「プラスチック」は、「低分子」の「モノマー」が繰り返したくさん「結合」(重合)してできた「高分子」(ポリマー)です。

「光硬化性樹脂」には、「**光開始剤**」というものが入れてあります。

　固まる前は「モノマー」の状態ですが、光が当たると「**光開始剤**」の効果によって、「重合」が始まります。

　そのため、硬くなるのです。

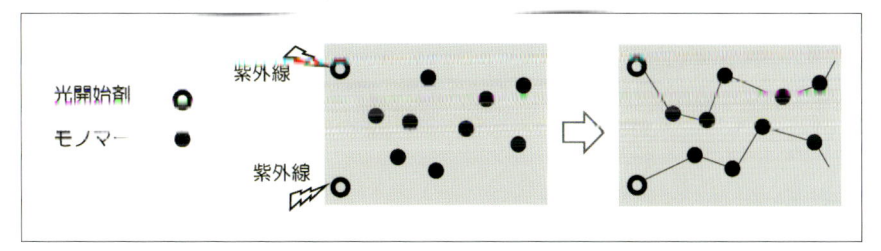

光硬化のイメージ

■「光硬化性樹脂」の歴史

　「光硬化性樹脂」は、もともと「木工製品」に使う「ニス」から発展したもので、屋外で「太陽光」を利用して固めていましたが、「固まるのに時間がかかる」「臭気が著しい」という問題がありました。

　しかし、最近はそれらが解決され、手軽に「ハンド・クラフト」などにも使われるようになっています。

　工業的には、「飲料缶」などの「コーティング」、「レンズ」や「透明板」の「反射防止膜」、「光ディスクの接着」、「ビス」や「ネジ」の固定などに幅広く使われています。

　また、「歯科材料」では、虫歯で開いた穴を埋める材料として、「ヒドロキシアパタイト」という、歯の成分を混ぜたものが使われています。

　印刷では、昔は「活字」を拾い、「金属」で「活版」を作っていましたが、現在は「光硬化性樹脂」で「活版」を作っているので、印刷が格段に速くなっています。

＊

　次の写真は、「葉脈標本」に「油性マジック」で色を付け、「レジン」で表面に「コーティング」したものです。

　テカリ具合で、「光硬化性樹脂」が「ニス」に使われていたということが分かると思います。

コーティング部分にテカりが出ている

■「レジン・クラフト」の技を深める

　「レジン・クラフト」をしていると、時間通りに「UVライト」を当てても、作品の最表面にベタつきが残っていて、逆に作品の底のほうが"パリッ"と固まっているように感じることがあります。

　「UVライト」は、最表面のほうが直に光が当たり、底のほうは届きにくい印象があるので、経験のある人なら不思議に思ったかもしれません。

　しかし、これは気のせいではなく、ちゃんとした理由があるのです。

　「光硬化性樹脂」で起こっている「光重合反応」は、"「酸素」によって阻止されやすい"という特徴があります。
　そのため、最表面では空気中の「酸素」によって、固まりにくくなっているのです。
　「UVライト」を当てるときは、ライトを近づける、「UV-LEDライト」にするなどで、より強い光を当てて、短時間で反応を起こさせるのがいいでしょう。

　今回は、上から「クリアホルダー」を乗せているので、ほぼ失敗することがなく硬化すると思います。

＊

　「UVライト」と「UV - LEDライト」と書きましたが、これらにはどのような違いがあるのでしょうか。

　商品の説明を見る限り、「UVライト」は「蛍光管」を使ったもので、「UV-LED

ライト」は「LED」を使ったもののようです。

　ラボに用意したそれぞれのライトは、「波長」についてはそんなに変わりません（「UVライト」がピーク時で「370nm」、「UV-LEDライト」が「385nm〜405nm」）。

　「UVライト」のほうが「波長」は短いのですが、反応時間は「UV-LEDライト」のほうが、ずいぶん短くてすみます。

　これは、どうしてなのでしょう。

　実は、「光のエネルギー」は、「波長」が短いほうが強いです。

　しかし、「光硬化性樹脂」には硬化するのにちょうど良い「波長」があり、短ければいいわけではありません。

　「UVライト」は「ピーク時」という言葉が表わしているように、"もぁ〜ん"とした領域の「波長」をもっているのに対して、「UV-LEDライト」は短「波長」の光を効率良く出すことができます。

　それで、短い時間で硬化させることができるのです。

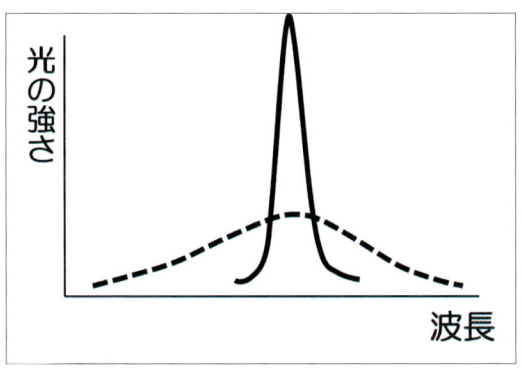

「UVライト」（破線）と「UV-LEDライト」（実線）の「波長」のイメージ

参考サイト　http://tsukuba-ibk.com/omosiro/2017/09/post-425.html

第3章 家庭にあるものを使った実験

> お部屋やキッチンで、何気なく手にしたり使っていたりするものも、科学の目で見ると、不思議な世界が広がります。
>
> 「お台所仕事」は「理科の実験」、「家電製品」は「技術の宝箱」。
>
> さっそく試してみましょう。

3-1　「ぷよぷよビーズ」でマジック

 高吸水性ポリマー、高分子

■「消臭」用の「ぷよぷよ」した「ビーズ」で実験

お部屋やトイレの「消臭」には、どのようなものを使っているでしょうか。

もし、「ビーズ」の製品を使っているのなら、この「ラボ」はすぐにでも始められます（ただし、古くない透明なものがベストですが）。

手元になくても、100円ショップには、もっと適したものもあります。

さっそく揃えて「ラボ」してみましょう。

※※ちなみに、お祭りなどで子どもたちに人気の「ぷよぷよボールすくい」に使われているカラフルなボールも、このビーズと同じものです。
　手で触るとゼリーのようで、指で押すとつぶれてしまうので、壊さないように、優しく扱ってください。

「ぷよぷよボール」

「ビーズ」を「水」につけて、大きくして観察する

【用意するもの】

・ペットボトル
・ビー玉（数個，透明なものがベスト）
・無色透明なビーズ（100円ショップなどでもで購入可）

消臭剤のビーズ（左）と冷却用のビーズ（右）

「ビーズ」は、「消臭剤」や「冷却用」などに使われている、「無色透明なボール状のもの」を取り出して使います。

「消臭剤のビーズ」は、「消臭効果」のある薬品が入っているので、表面だけでも洗ってから使ってください。

できれば、何も入ってないであろう「冷却用」を使うのがいいでしょう。

このビーズは、「水」を吸収して膨れているのですが、実は「水」につけると、もう少し膨れます。
充分大きくしてから使います。

　「ラボ」は、以下の手順で行なってください。

---

[1] 表面を洗ったビーズを、「ペットボトル」の半分くらいまで入れ、「水」を入れた上で（ペットボトルの9割ほど）、「キャップ」はせず、半日ほど置く。

　ビーズはまだ大きくなりきってないので、「水」を入れた直後は水中のビーズが見えます。しかし、半日ほどすると、ビーズが膨れて、見えにくくなります。

入れたばかり（左）と約2時間後（右）

　「体積」も増すので、あふれてもいいように、「お盆」の上などに置いておくと安心です。
　ときどき、「水」を変えてもいいでしょう。

　画像は分かりやすいように、四角い容器に入れています。

[2] 1,2日ほどしてビーズが充分膨れたら、「ペットボトル」の水をすべて捨て、ビーズの半分の高さまで新たに水を入れて観察する。

　ここからが本番。

　改めて、「ペットボトル」に「水」を入れると、「水」に浸った部分のビーズが消えていきます。
　ちょっと不思議な体験です。

「水」を入れた部分のビーズは消えたよう

[3]「キャップ」を閉めて、ゆっくり引っくり返す。

　ゆっくり引っくり返すと、こんどは消えていたビーズが見えるようになります。

[4]「ビー玉」を加え、ゆすって下の方に降ろす。

　「透明なビーズ」に「透明な水」を加えると、まるで消えたようになりました。

　でも、「透明なビー玉」を「透明な水」に入れても、ビー玉は見えなくなることは
ありません。

ビー玉が2つ浮かんでいるように見える

■「ビーズ」はナニモノ？

　砂糖が「水」に溶けたみたいに、ビーズも一瞬で「水」に溶けて見えなくなった…というわけではありません。

　では、どうして見えなくなったのでしょうか。

＊

「水」に消えた部分を、よく観察してみてください。

「ビーズの縁」が見えるはずです。

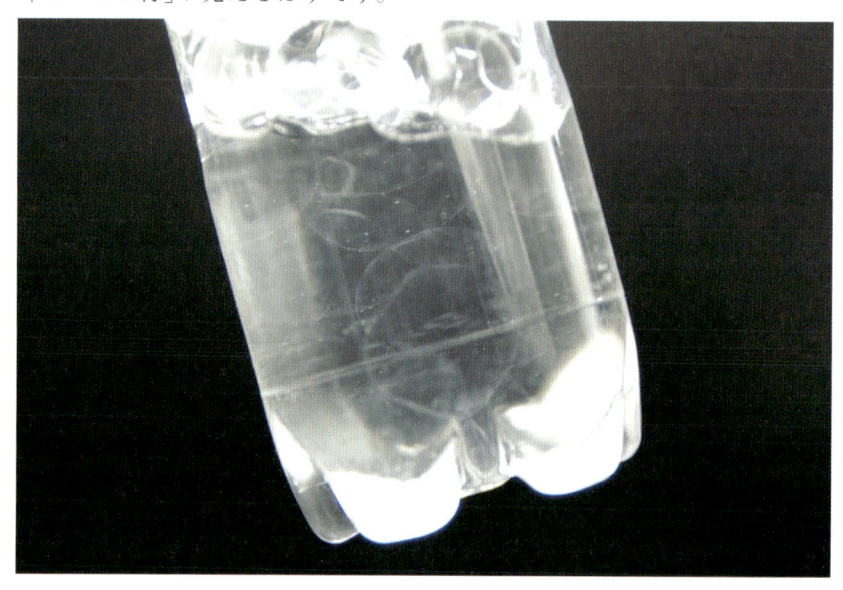

うっすらビーズの縁が見える

　このビーズは、「高吸水性ポリマー」(高分子吸水体) と呼ばれるものです。「吸水性の良い高分子化合物」といったところでしょうか。

　「高吸水性ポリマー」は、なんと自分の重さの「数百倍〜千倍」の「水」を「吸水」し、「保持」できます。

　「吸水」したビーズは、ほとんどが「水」であるため、「水」の中に入ると見えなくなるのです。

　一方、ビー玉は「水」とは違う物質である「ガラス」で出来ているので、同じ透明でも、「水」の中に入ると見えてしまいます。

画像のビーズ状の「高吸水性ポリマー」は、もともとは「3mm」ほどの大きさしかなく、触ると硬いです。

これが、ほぼ1日「吸水」させて、「15mm」程度に膨らみます。

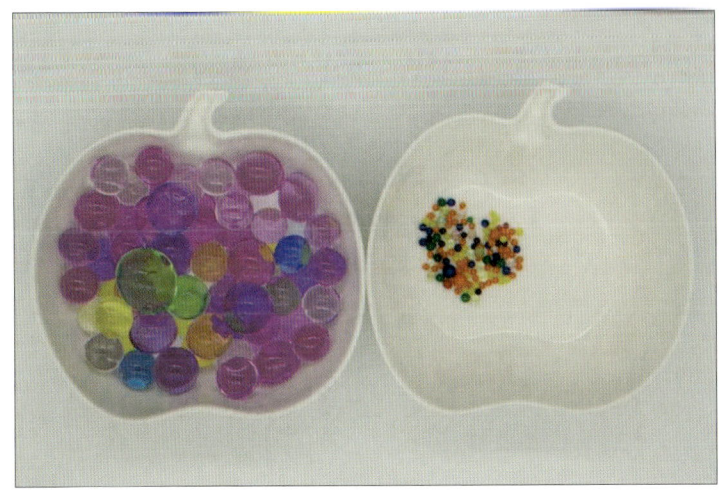

膨らんだビーズ(左)と、元のビーズ(右)

■ ビーズは、どのように「水」を「吸収保持」するのか

こんなに小さく硬いものが、「水」を吸って大きくなるというのは、ちょっと想像ができないかもしれません。

では、このビーズはどのように、「水」を取り込んでいるのでしょうか。

*

考えられるのは、「水風船」のように膜で「水」を「保持」することですが、実はそうではありません。

「高吸水性ポリマー」の分子は、吸水前は長い「高分子のひも」が、糸マリのように丸まって小さくなった構造をしています。

次の図は、代表的な「高吸水性ポリマー」である「ポリ アクリル酸 ナトリウム」が「吸水」した様子を簡単に示したものです。

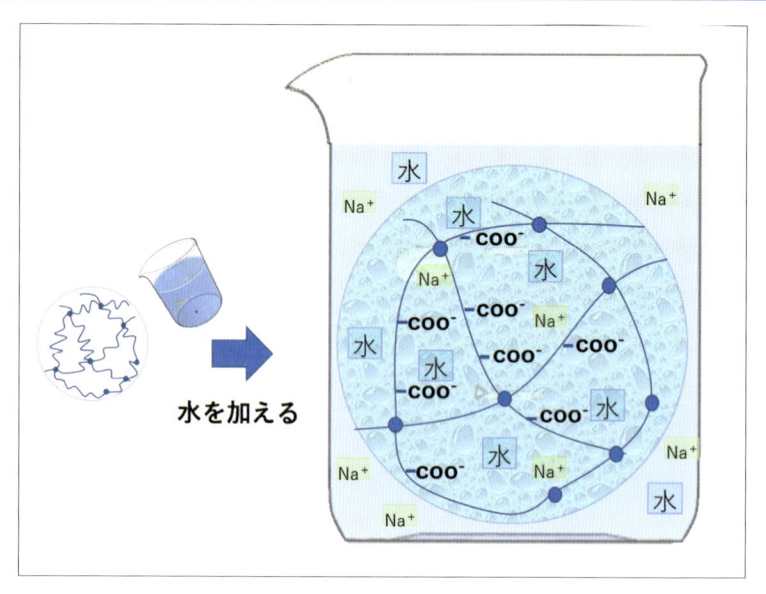

「ポリアクリル酸ナトリウム」の吸水時の様子

　時系列で説明すると、

①「ポリアクリル酸ナトリウム」に「水」が入り込む
②「COO-」と「Na+」のイオンに分かれる
③「Na+」の一部は、外の「水」に出ていきますが、「COO-」は分子にくっつい
　ているので出ていけず、全体として「マイナスイオン」が多くなる
④「マイナスイオン」の反発で、「ポリアクリル酸ナトリウム」が膨れていく
⑤さらに、そこに「水」が入ってくるようになり、ますます膨れていく

となります。
　「高吸水性ポリマー」は、その性質を利用して、「消臭剤」のほかにも、「紙お
むつ」や「生理用品」「ペットのトイレ」「携帯用トイレ」「保冷剤」「ソフトコンタ
クトレンズ」などに使われています。

「高吸水性ポリマー」が使われている商品

　また、農業や園芸で使う土の「保水材」や、土木工事用の「止水剤」としても利用されています。

🧪 ビーズで不思議な「小瓶」を作る

　ビーズを使った、ちょっと不思議なグッズを作ってみましょう。

　ビーズは、「水」に紛れて見えにくくなったほうがいいので、前回のラボ同様に、最初に充分「水」につけ大きくしておきましょう。

●ビー玉香り付きバージョン
【用意するもの】

> ・蓋のある小瓶
> ・ビー玉（数個、色がついていても可）
> ・好きな香り（少量の柔軟剤など、水溶性のものを用意）

　ラボは、以下の手順で行なってください。

【1】小瓶にビーズを入れていき、ビーズの間に「ビー玉」を入れる。

【2】「水」を入れる。

　　　ビーズは「水」で見えなくなるため、「水」の中にビー玉が浮いているように見え

るという、ちょっと不思議でキレイな小物が作れます。

　さらに「水」の中に、「水溶性」の「アロマ」を入れておけば、蓋を開けるといい香りもするようになります。

＊

さらに、もう少し工夫してみましょう。

●オイルバージョン
【用意するもの】

・蓋のある「小瓶」
・色がついた「オイル」（「オリーブ・オイル」や「ごま油」など）

【1】「小瓶」に、できるだけたくさんのビーズを入れたあと、「水」を加え、最後に「オリーブ・オイル」を入れて、「小瓶」をいっぱいにする。

【2】なるべく空気が入らないように、蓋をする。

出来上がったら、「小瓶」をゆっくり逆さまにしてください。

「オリーブ・オイル」が、"ぐにょぐにょ"と動きながら浮き上がっていきます。これも、「水」に紛れて見えにくくなっているビーズがあるためです。

ちょっと不思議なグッズが出来上がりましたね。

※※実験前に「小瓶」を洗剤で洗う場合は、洗剤をしっかりと落としてください。
　そうしないと、洗剤の「界面活性剤」でオイルの粒が小さくなり、キレイには動かなくなります。

ビーズで作った「ふしぎな小瓶」

■「オイル」は、ビーズに入り込まないのか

上記の実験では、「オイル」が膨らんだビーズに浸透していかないのかと、心配になった人もいるかもしれません。

「高吸水性ポリマー」は、「オイル」より「水」と相性が良いものです。
そのため、恐らく、「オイル」がビーズに浸透していくことはないように思います。

ただし、「小瓶」については「ガラス製」のものにしましょう。
「プラスチック製」だと、「オイル」を吸収することもあるからです。

■ ビーズを放置すると、どうなるのか

「吸水」する前の粒々の状態のビーズも、ネットなどで購入できます。

「3mm」ほどの大きさが、1日「吸水」させて「15mm」ほどに膨らむと説明しましたが、この膨らんだものが、半分（7〜8mm）の大きさに縮むには、「約1ヶ月」もかかります（水が少しずつ蒸発するので、時間がかかるのでしょう）。

さらにそのままおいておくと、少しずつ縮んでいきます。

また、「消臭効果」のあるビーズは、薬品を入れていたりするので、透明なものでも白く見えたりします。

小さくなった消臭ビーズ

＊

　この膨らんだビーズに「食塩」をかけると、いったん外に出ていた「Na+」が再び中に入り込んできて、その代わりに、入っていた「水」が追い出され、数時間で半分くらいに縮まります。

　つまり、ビーズに「食塩」をかけると、縮むスピードが速くなるのです。

＊

　では、この縮んだビーズを再度「水」につけると、また膨れるのでしょうか。そして、何度も繰り返すことができるのでしょうか。

　次の画像は、「吸水前」「吸水後」そして、「乾燥後」の様子を、電子顕微鏡で撮影したものです。

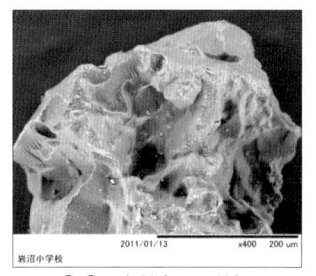
【1】吸水前(400倍)

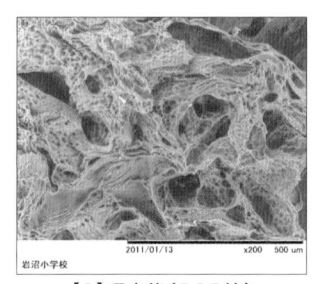
【2】吸水後(200倍)

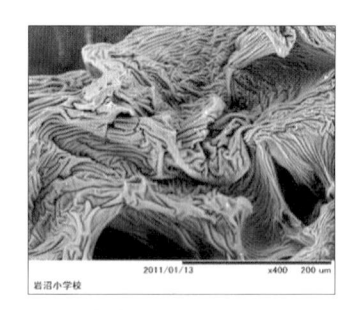
【3】乾燥後(400倍)

画像提供:宮城県岩沼市立岩沼小学校

　【1】が吸水して、【2】のようになります。

　広がっている隙間に、「水」が入るのでしょう。

　この状態は何度か繰り返せるようですが、しばらくすると、【3】のように

隙間が縮まってしまい、元の構造に戻ることができなくなるようです。

＊

大量に安価に購入できる、「高吸収性ポリマー」。
ぜひ、いろいろ楽しんでみてください。

「ガラス」に入れてお部屋において置くと、ゼリーと間違って食べちゃったりするかもしれません。気を付けてくださいね。

参考サイト http://tsukuba-ibk.com/omosiro/2012/12/post-233.html

3-2　「レシート」が真っ黒け！？

 感熱紙、酸性

■ 買い物で手に入る「レシート」を使って実験

レジなどでもらう「レシート」、すぐに捨ててしまう人がほとんどだと思いますが、ちょっともったいない。

「レシート」は、別名「感熱紙」と呼ばれるもので、文字通り **"熱を感じる紙"** なのです。

もちろん、これもキチンとした実験道具。
しっかりラボしてみましょう。

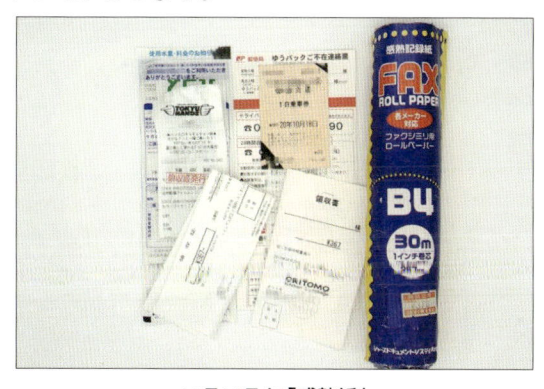

いろいろな「感熱紙」

ちなみに、白いままの「感熱紙」は、100円ショップで売っています。
そちらを使ってラボしてみるのもいいでしょう。

[Lab] 「レシート」を熱くする

【用意するもの】

・レシート
・ドライヤー（アイロンやライターでも可）
・白い感熱紙（100円ショップなどで購入、無くても可）

[1]「レシート」（感熱紙）に、「アイロン」や「ドライヤー」で「熱」を加える。
　　→「アイロン」や「ドライヤー」で「熱」を加えると、「黒く」なります。
　　「ライター」の炎でも「黒く」できますが、こげないように気を付けてください。

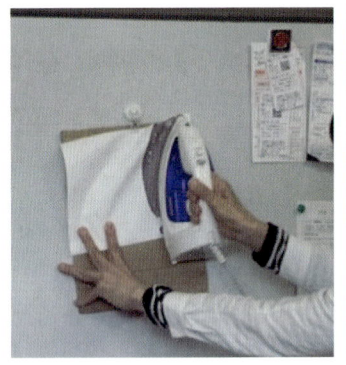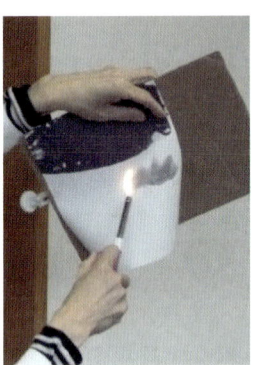

熱した部分が黒くなる

[2]「爪」や「竹串」などで、「スジ」を入れる。
　　→「スジ」を入れた部分は、「摩擦熱」で①と同じように「黒く」なります。

[3]「アイロン」で「黒く」した「レシート」（感熱紙）を、裏返して、観察する。
　　→裏は白いままです。
　　　変化は、表面だけで起こっているようです。

[4]「レシート」を「正方形」に切り出し、「兜」を折り、「アイロン」をかける
　　→「アイロン」をかけると、折り始める面の違いで、「白」と「黒」の「兜」が出来ます。

＊

　次の写真は、実際に「感熱紙」で作った「兜」に、「アイロン」をかけたもので
す。

白黒逆転していますが、どのようにして折って「アイロン」をかけたのか、想像できるでしょうか。

"表面を上にして折った"ものと、"裏面を上にして折った"ものの違いです。

「感熱紙」で作った「兜」に、アイロンをかけたもの

■ どうして熱くすると「黒く」なるのか

「感熱紙」は、「熱」を加えることで文字を印字できます。

「レシート」だけでなく、「切符」「ガスの領収書」「郵便などのお届け票」「Fax の用紙」などにも使われています。

インクも不要で印刷できるという"お手軽さ"は、優れものです。

*

「感熱紙」の「発色」の原理は、大雑把に言うと、以下のようになります。

・白い紙の表面に「2種類の物質」が混ぜて塗ってある。
・1つは「酸性のもの」で、もう1つは「酸性のもの」と一緒になると発色する「色の元」。
・常温ではそれぞれは固体で、反応しないので「無色」のまま。
・「熱」を加えることで、それらが溶けて反応が起こり、「黒い色」を発色する。

「感熱紙」を販売しているメーカーの Web サイトには、使用上の注意として、印字後に湿気や脂分を含んだり日光にあたると、変色したり書き込みができなくなります。…化粧品、薬品類、アルコール、油、インク印鑑（シャチハタなど）を押す場合は、印字にかからない位置に押してください。…溶剤、有機

化合物などと接触しないようにしてください。
などと書いてあります。

　恐らく、そういった物質によって、想定外の変化が起こってしまうのでしょう。

　ただ、この情報を上手に使えば、ちょっとした「ラボ」ができます。

 ## 「レシート」から、「物質」を取り出す

　キーワードとなるのは、上記の使用上の注意のうち、「溶剤」「有機化合物」です。

　「溶剤」とは、「物質」を溶かすのに用いる薬品のことで、身近なものとしては「消毒用アルコール」などがあります。

　恐らくアルコールと一緒になると、「レシート」に塗ってある「物質」が溶け出てくるのだと考えられます。

　こういったポイントをつかむのは、なかなか難しいです。
　しかし、できるようになってくると、やみくもに実験して何が何だか分からなくなることが少なくなり、楽しくなってきます。

【用意するもの】

・レシートや感熱紙
・消毒用アルコール（薬局やネットなどで購入）
・「酸性」のもの（「酢」など）
・「アルカリ性」のもの（「重曹」など）

用意するものの例

[1]「レシート」(感熱紙)に「熱」を加えて、充分に「黒く」する。

[2]「消毒用アルコール」に、「レシート」(感熱紙)を漬ける。
　→「黒く」なった「感熱紙」は、「アルコール」に漬けると、「黒いもの」が溶け出て、「白く」なります。

　　アルコールは、溶け出た「物質」のためにうっすら「青黒く」なりますが、これは、「酸性の物質」と「色の元」だと考えられます。

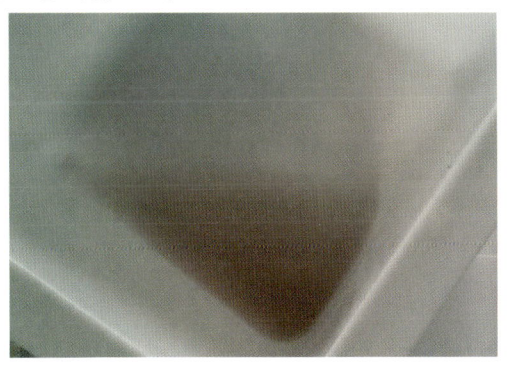

アルコールに色が付く

[3]「青黒く」なった「溶液」に「酢」を加える。
　→「酢」が「酸性」であるためか、「溶液」はさらに黒みを増します。

[4]さらに「重曹」を加える。
　→色が薄くなっていき、透明になります(「泡」も出てきます)。
「重曹」が「酢」と反応したことにより、「溶液」が「中性」になったために透明になったものと思われます。

*

「重曹」と「酢」の反応式は、次のようになります。

$$NaHCO_3 + CH_3COOH \rightarrow CH_3COONa + CO_2 + H_2O$$

「二酸化炭素」(CO_2)が発生していますが、これが「泡」の正体です。

■ 実験の注意点

　今回の「ラボ」は、「手軽に試す」ために、と「黒く」した「レシート」や「感熱紙」に、直接「酢」や「重曹」を塗り付けようと思う人もいるかもしれません。

　でも、そう上手くはいかないのです。

＊

　その理由の１つは、「酢」が液体であるため、「色」が反応で消えて「白く」なったのか、単純に「色」が液体に溶け出して「白い紙」が見えてきたのか、ハッキリしないからです。

　たとえば、「黒く」した「レシート」(感熱紙)に、「エタノール」などを塗ってみましょう。

　すると、「白く」なるのです。

　これは、「エタノール」などと反応して「色」が消えたのではなく、液体に溶けて流れたためだと思われます。

　惑わされないようにしないといけませんが、「ハンドメイド・サイエンスラボ」としては、そういったこともあるということをきちんと踏まえた上で、実験を試していけばいいと思います。

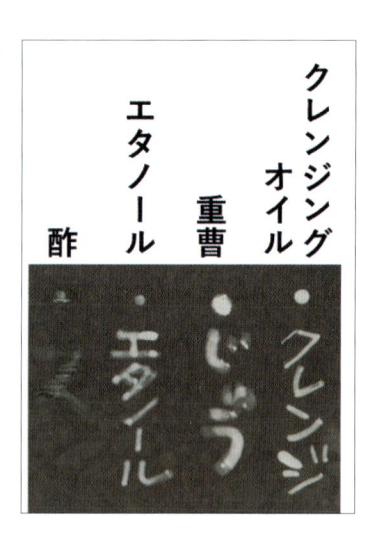

　「黒く」した「レシート」(感熱紙)を「エタノール」に溶かし、「酸」や「アルカリ性」の「物質」を入れて「色変わり」を判断するのは、大雑把な実験としては使えそうなので、家にあるいろいろなものでトライしてみてください。

参考サイト http://tsukuba-ibk.com/omosiro/2013/04/post-259.html

3-3 ゴムを伸ばして鼻につける

■「ペンシル・バルーン」を使って実験

　細長い風船に空気を入れて、曲げたり捻じったりして可愛いプードルなどを作れる「ペンシル・バルーン」。

　ここでは、その「ペンシル・バルーン」を使って、普通とは違う挙動を示す"ゴムの不思議"をラボしてみましょう。

ペンシルバルーン

 伸びた「ゴム」に「熱」を加える

【用意するもの】

・ペンシルバルーン（数本、100円ショップのものではなく、「ホームセンター」で、しっかりした作りのものを購入する）
・500mlペットボトル（水を入れてキャップをし、重りにする）

●「ゴム」に「熱湯」をかけるラボ

[1] 次の図のように「ペンシル・バルーン」を結び付けて、つるす。

[2] 何度か「ペンシル・バルーン」を引き伸ばして、伸びきった状態にしておく。

「ペンシル・バルーン」の端から、「熱湯」を勢いよく流す。

伸びた「ペンシル・バルーン」は、急激に縮み、上昇します。

日常生活では、「熱」を加えられ熱くなると伸びるものが多いのですが、「ゴム」の挙動はまったく反対で、「熱」を加えると「縮む」のです。

熱湯をかけるとゴムは縮む

●鼻の下が熱くなるラボ

同じ現象を使ったラボなのですが、もうひとつ試してみましょう。

[1]「ペンシル・バルーン」を「4等分」にカットし、その1つを左右の手（親指と人差し指）で、親指と親指の間に、指が1本入るくらいに、間を空けて持つ。

[2] 勢い良く伸ばし、すぐに鼻の下につける。

【3】 そのまますぐに縮めて、同様に鼻の下につける。
【4】 「手順②」と「手順③」を何度か繰り返し、最後は何度も素早く伸び縮みさせたのち、鼻の下につける。

実験の様子

とても忙しいラボですが、伸ばしてつけると鼻の下が熱く感じ、伸ばしたものを縮めてつけると冷たく感じます。

同じことをゆっくり行なっても、あまり「温度」の変化は感じません。

また、このラボは、寒い冬より暑い夏のほうが「温度」の変化を感じやすいようです。
寒いときには、ゴムをよくもんで暖かくして行なうと、より感じやすいです。

■ 伸ばした「ゴム」に「熱」を加えると、どうして「縮む」のか

まずは、「鼻の下が熱くなるラボ」の解説です。

「ゴム」（ゴムの分子）は、「高分子」と呼ばれるもので、「長いひも」のような状態のもの（高分子鎖）が集まって、糸マリのようになっています。
（「長いひも」がただ伸びきった状態というよりも、短く縮まった感じです）。

通常の縮まった状態では、この「ゴム」の「分子」は、"ブルブル"と振動しています。

それが勢いよく伸ばされると、いままで振動していたものが振動できなくなり、そのぶんの「エネルギー」が「熱エネルギー」に変わったため、鼻の下が熱く感じたのです。

しばらくすると、「熱エネルギー」は空気中に放出されるなどで収まります。

そして、伸ばした状態から急に縮める、つまり通常の状態に戻ると、その運動を行なうための「エネルギー」を周囲(鼻の下)からもらうことになり、冷たく感じるのです。

*

この仕組みは、「ゴムに熱湯をかけるラボ」でも同様です。

重りで伸ばされた状態にある「ゴム」の「分子鎖」は、お湯の「熱エネルギー」をもらうと振動が激しくなります。

その状態では、「ゴム」の通常の縮まった状態に近づこうとする力が大きくなり、その結果として縮みます。

*

こういった現象は、日常の中でも見掛けることがあります。

たとえば、冷凍食品をしまう際に「輪ゴム」で止めて冷凍庫に入れておき、数日たってから冷凍庫から出し、「ゴム」を外すと、「ゴム」が伸びていることがあります。
しかし、すぐに縮んで、通常の状態に戻ります。

伸ばされて冷凍庫に入れられた「ゴム」が、常温に戻されることで「温度」が上がり、それを「熱エネルギー」にして、通常の状態に戻ろうとする力が大きくなる、だから「縮む」のです。

*

勘違いしてはいけないのは、**「伸びたゴムに熱を加えると縮む」**という点です。

以前、お鍋にお湯を沸かし、そこに「ゴム」を入れて、伸びないかと観察していましたが、まったく変化がありませんでした。
伸ばされていない、お鍋に入れただけの「ゴム」は縮まないのです。

伸びた「ゴム」が縮まる力を利用した工作

「ゴム」の性質を利用して、工作をしてみましょう。

【用意するもの】

・ペンシルバルーン（しっかりした作りのものを数本）
・クリップ（2個）
・ラップフィルムなどが入っている硬くて長い箱（1個）
・モールやひも
・ドライヤー

[1]「長い箱」の両端に「クリップ」を付けて、「ペンシル・バルーン」を伸ばして取り付ける。

[2]「ペンシル・バルーン」に、印になるように「モール」や「ひも」を付ける。

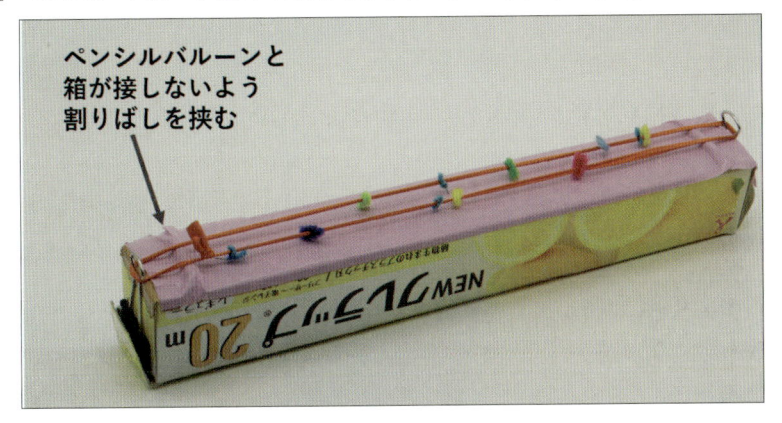

ペンシルバルーンと
箱が接しないよう
割りばしを挟む

伸ばされたゴムの工作

[3]「ペンシル・バルーン」に「ドライヤー」の「熱風」を吹きかける。

「熱風」が当たった部分の「モール」が動きます。

■ どうして「モール」が動くのか

　"ビーン"と伸びた「ペンシル・バルーン」は、「ドライヤー」の「熱」によって縮むので、「モール」も一緒に動きます。

　ネットなどでは、「ゴムの観覧車」に光を当てて回す、という大作が公開されているようです。

　興味のある人は、挑戦してみてはいかがでしょうか。

参考サイト http://tsukuba-ibk.com/omosiro/2016/06/post-395.html

「ゴム風船」でいろいろ実験

 天然ゴム

■ ゴム風船

「ゴム風船」が、どうやって作られているか、ご存知でしょうか。

「ゴム」には、**天然ゴム**と**合成ゴム**がありますが、「ゴム風船」の場合は、**天然ゴム**で出来ているものが多いようです。

わざわざ天然の「ゴム」を使う理由の１つは、強くて丈夫だからです。

風船は空気を入れると丸く膨らみますが、そのためには、膨れた部分が硬く強くなる必要があります。

そうでないと、そのままどんどん膨れたとき、丸くならないからです。

丸く膨らむ「ゴム風船」

そんな小ネタを入れながら、「ゴム風船」を使ったラボを紹介しましょう。

ここで使う「ゴム風船」は、すべて大きさが「11インチ」くらいのもので、ダイソーなどで購入できます。

🧪Lab 「水風船」を火あぶりすると…？

【用意するもの】

・ゴム風船（11インチのもの、ダイソーなど）
・風船を膨らませるポンプ（なくても問題ない、ダイソーなど）

---

[1]「ゴム風船」を蛇口につけて、「水」を入れる。

[2]全体の大きさが「10 cm」くらいになったところで、「水」を止める。

「ゴム風船」が濡れている場合は、タオルなどで拭いてください。

[3]「ゴム風船」を下から、「ライター」であぶる。

「ゴム風船」は火であぶっても、割れることはありません。

これは、風船の中に「水」が入っているからで、いくら火であぶっても、「水」がある限り、風船が割れるほどの「温度」にはならないのです。

水を入れた「ゴム風船」は、火であぶっても割れない

でも、よく観察してみると、あぶっている部分が、"黒くすすけている"のが分かると思います。

これは、風船が焦げた訳ではなく、風船の表面や中に付いている「粉」がすすけたのです。

この「粉」は、「ゴム風船」同士がくっつかないようにするためや、風船を作るとき、「型」から出しやすくするためにつけてあるものです。

＊

「水風船」の火あぶりは、めったに割れることはないですが、少し注意すべき点があります。

それは、あぶっているときに、「ライターの先を風船に当てない」ことです。

また、蛇口から「水」を入れるときに、「空気」も一緒に入るのですが、入った空気は、「水風船」の底を叩いて、上にあげておいたほうがいいです。

「空気」は「水」より暖かくなりやすいので、底に「空気」があると割れる可能性があります。

 「ゴム風船」に「磁石」を近づけると…？

【用意するもの】

・磁石（2個）

[1]「ゴム風船」に、あらかじめ「磁石」を入れておき、大きく膨らませてから縛る。

[2]膨らんだ「ゴム風船」を手に持ち、外から、もう一個の「磁石」を近づける。

さて、どうなるでしょうか。

「磁石」どうしが「磁力」で近づいてくる……のは間違いではありませんが、近づいて「磁石」がくっついた瞬間に、大きい音で割れます。
（大きく膨らませれば膨らませるほど、大きな音で割れます）。

また、「磁石」は少し「角」があるほうがいいですが、「ネオジム磁石」のように「磁力」の強いものでなくても大丈夫です。

＊

この実験でどうして割れるかというと、中の「磁石」と外から近づけた「磁石」がくっつくときに、風船を"こする"ために割れるのです。

『そんなの予想がつくよ』という人もいそうですが、それでも割れる瞬間は

とってもビックリするでしょう。

＊

「磁石」のくっつく力は、「距離の二乗」に反比例する。

つまり、近づけば近づくほど強い、ということが体感できる実験だと思います。

 「ゴム風船」に「オレンジの皮」の「絞り汁」かけると…？

【用意するもの】

・オレンジの皮の絞り汁または、灯油
・綿棒

[1]「ゴム風船」を、大きく膨らませる。

[2]膨らんだ「ゴム風船」を手に持ち、外から、「オレンジの皮」の「絞り汁」や「灯油」を付けた、「綿棒」をくっつける。

さて、どうなるでしょうか。

"パン！"と大きな音を立てて、割れます。

大きく膨らんだ風船は、「ゴム」が引っ張られた状態にあります。
「オレンジの皮」の「絞り汁」に含まれる「リモネン」は、その「ゴム」の「分子」の間に浸透していき、「ゴム」がとろけて割れるのです。

風船がまだ大きく膨らんでいない（「ゴム」があまり引っ張られていない）状態で「リモネン」がかかると、すぐには割れず、しばらくしてから割れます。

これもまたちょっとびっくりですね。

「灯油」も同様の理由で、風船を割ることができます。

参考サイト http://tsukuba-ibk.com/omosiro/2013/10/post-301.html

3-5 「電気を通すもの」を調べる

 Key Word 通電チェッカー

■「デコレーション・ライト」で「通電チェッカー」

一昔前は、電気を通すものかを調べる「通電チェッカー」を作るには、「豆電球」「電池ボックス」「銅線」などを用意しないといけませんでした。

でも、いまは100円ショップの製品で、簡単に「通電チェッカー」を作ることができます。

用意するものは「電池ボックス付き」の「デコレーションライト」。

さっそく作って、いろいろな「電気を通すもの」を調べてみましょう。

100円ショップで売っている「デコレーションライト」

「通電チェッカー」を作る

【用意するもの】

・デコレーションライト(常時点灯で「電池ボックス付き」のもの、100円ショップなど)
・金属のクリップ(2個)
・針金(100円ショップなど)
・アルミ自在ワイヤー(100円ショップなど)
・鉛筆(4Bなどの濃いもの)
・シャーペンの芯
・アルミホイル
・折り紙(黒やキラキラしたホイルカラーのもの、100円ショップなど)
・紙やすり

[1] 「デコレーション・ライト」がどのような作りになっているか、確認するために、「ペンチ」で末端ではない途中にある「LEDライト」を、1つカットしてみる。

　　ダイソーの「デコレーション・ライト」の場合、光る部分のすぐ下をカットするといいです。

　　「LEDライト」は、1つカットしても、他のライトは点灯します。

　　つまり、「並列つなぎ」になっているのです。

> ※ちなみに、昔の「電球式のデコレーション・ライト」の時代から、並列つなぎで作られています。このように、1つの「電球」が壊れて点かなくなっても、全体が使えなくならないように配慮されています。

[2] カットしたところを引き延ばすと、「金属の配線」が出てくるので、それぞれに、「クリップ」を付ける。

[3] 「クリップ」を重ねて、「LEDライト」が点灯することを確認する。

クリップをつないで点灯を確認

「通電チェッカー」を使ってラボ

「クリップ」を調べたいものに付けて、ライトが点灯するか確認しましょう。

● 「針金」

　もちろん点灯します。

● 「アルミ自在ワイヤー」(ダイソー製品)

　そのままでは点きませんが、「紙やすり」でこすると点灯します。

　ワイヤーには、表面に「色」が塗ってあるので、それをはがしてやると電気が流れるようになるのです。

● 「鉛筆の芯」

　こちらは問題なく点きます。

　鉛筆の芯は、電気を通す「黒鉛」で出来ています。
　(ただし、濃い方が電気を通しやすいです)

● 「シャーペンの芯」

　これも点きます。

　「赤」や「青」の色がついた「シャーペンの芯」や、太さの違う「芯」だと、光ったときの明るさが違うので試してみてください。
　点いた状態が長くなると、「熱」を発するようになるので気を付けてください。

●「アルミホイル」
　「アルミホイル」は、金属の「アルミニウム」で出来ています。

　もっと身近なものだと、「1円玉」も「アルミニウム」です（もちろん光ります）。
　他の硬貨もラボしてみましょう。

●「ホイルカラーの折り紙」
　これも、「アルミ自在ワイヤー」と一緒で、表面をこすると光ります。

　たとえば、金色のものは、「アルミホイル」（アルミニウム）にオレンジの色を付けているので、こすって「アルミニウム」が出てくると、「電気」を通すようになります。

●「黒の折り紙」
　「黒い折り紙」の中には、「黒鉛」を使っているものがあり、そのようなものは光ります。
　手元にあったら、チェックしてみてください。

3-6 「洗濯物干し」は何色がいいのか？

Key Word 紫外線、色の3原色、プラスチック

■「窓辺のポスター」を観察してみよう

　リビングの出窓近くなどにポスターを長い間貼っていると、次の図のように一部の色が褪せていることがあります。

図の右側が色褪せて薄くなっている

　この変化は、何が原因で起こったのでしょうか。

　ここでは自分で「ラボ」するわけではないですが、身近な「色褪せ」について考えてみましょう。

■「色褪せ」の原因

そもそもこの「色褪せ」、何が原因で起こったのでしょう。

もう分かっている方もいるかもしれませんが、「色褪せ」の原因は、「紫外線」です。

「紫外線」は、書いて字のごとく、「紫の外の線」。
人間が、「色」として認識できる「可視光線」の中でも、最も「波長」の短い「紫」よりも、さらに外側にある光（不可視光線）です。

「可視光線」よりもエネルギーの高い光で、悪いことばかりではないのですが、肌にダメージを与えて、「日焼け」の原因になるのは知っている人も多いでしょう。

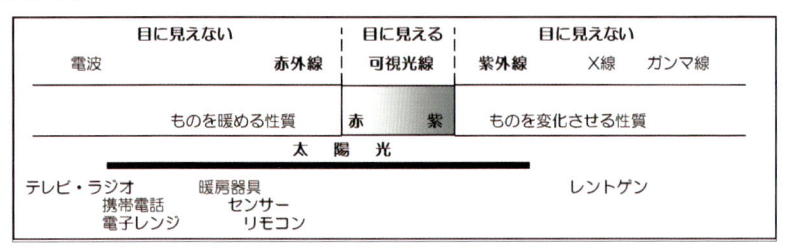

「紫外線」は紫よりも外側にある光

「紫外線」は、「分子」の「化学結合」を壊しやすい光のようで、「紫外線」付近の光を多く吸収する「色素」は、「色褪せ」しやすかったりします。

たとえば、「赤い色」は「赤」以外の光を「吸収」しています。
同じように、「青い色」は「青」以外の光を「吸収」しています。

そのため、「赤」と「青」では、「紫外線」に近い光を多く「吸収」する「赤」のほうが、「退色」しやすいのです。

＊

もう少しわかりやすいように、冒頭に掲載した図の右側を、色褪せる前後で分けたものが、次の図です。
「赤」と「黄色」は色が抜けて「白」に、「緑」は「青」に、空の「青色」はあまり変化がないようです。

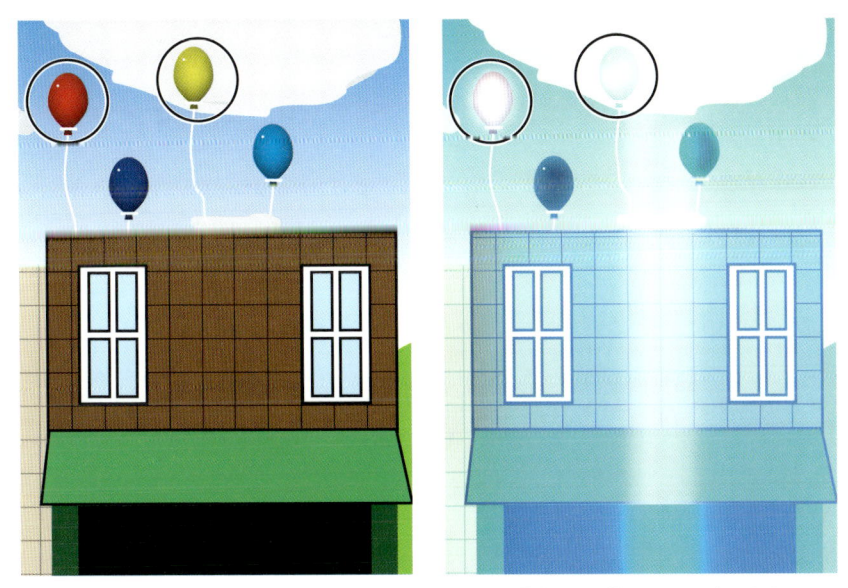

「赤」や「黄色」の風船は、ほとんど白くなっているが、「青」の風船はあまり変わらない。

　こういったポスターを作るときは、「色の3原色」（シアン、マゼンタ、イエロー）が使われています。
　また、ハッキリさせるために、「黒」も使います。

　この4色のうち、「紫外線」にいちばん弱いのは「イエロー」、その次は「マゼンタ」と言われています。

　「シアン」は強く、「黒」は最も強いようです。

　だから、このような「退色」が起こったのでしょう。

　道を歩いていると、「注意！とびだすな！」といった看板の、「赤い色」で書いてある「注意！」の文字だけが消えている……といった光景を見掛けることはなかったでしょうか。
　これも、以上のようなことが原因で起こっています。

■ どの「色」を購入すべきか

　たとえば、「赤」と「緑」の「洗濯物干し」があったとしたら、あなたはどちら
を購入しますか？

　このような場面でも、「紫外線」の考え方は役立ちます。

　「赤」は、「紫外線」でダメージを受けやすいからですね。

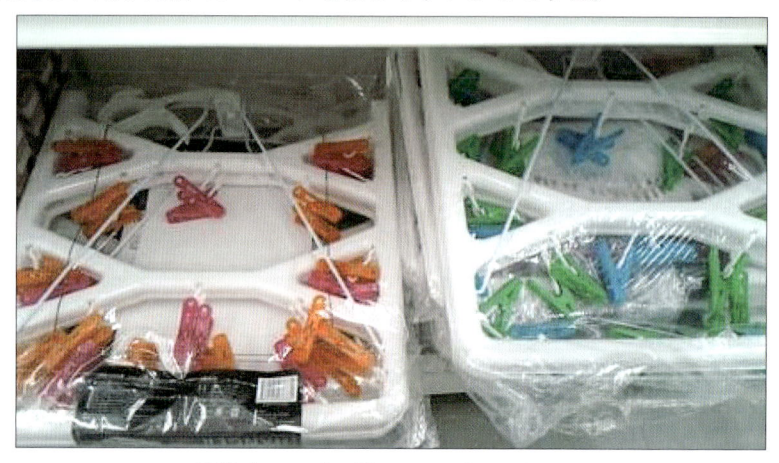

洗濯ばさみに色が着いている「選択物干し」

　もう少し付け加えると、「紫外線は、分子の化学結合を壊しやすい光」と説
明しましたが、「紫外線」は「プラスチックの化学結合を壊しやすい波長」でも
あります。

　つまり、「プラスチックの洗濯物干し」と「金属の洗濯物干し」だったら、「金
属」のほうが長持ちするのです。

参考サイト　http://tsukuba-ibk.com/omosiro/2016/09/post-399.html

3-7 「カップラーメン4兄弟」で「錯覚ラボ」

Key Word 錯覚、加圧実験、紙製ECOカップ

■「カップ」の大きさが変わる？

「カップ麺」は好きですか？

「ラーメン」「うどん」……種類もいろいろありますが、今回のポイントは「大きさ」。

「ミニ・サイズ」や「ビッグ・サイズ」など、大きさの違いがある「カップ・ラーメン」が最適です。

いろいろな容器

【Lab】 どれが満足？

【用意するもの】

・大きさの違う「カップ麺」（複数個）

今回は、日清食品の「カップ・ヌードル」（「普通サイズ」「MINI」「BIG」「KING」）を使いました。

「BIG」や「KING」を食べきる自信がない方は、同じ大きさでもラボはできるので安心してください。

＊

　また、もっとお手軽な方法として、紙コップの口にフタのように紙を貼ったものを、いくつか用意しても、問題ありません。

　上に積み重ねられればいいのです。

＊

　では、さっそく「ラボ」してみましょう。

「大きいものから重ねた場合」（左）と、「小さいものから重ねた場合」（右）

　それぞれのサイズの「カップヌードル」を、画像のように重ねて置き、大きさの感じ方を比較する。

　　→大きいほうから順番に重ねると、「KING」は大きく見えます。
　　でも、重ね方を逆にすると、なんだか「KING」と「BIG」は、そんなに大きさは変わらないよう見えます。

　食べても、満腹感はそれほどでもなさそう。

■ どうして大きさが変わったように感じるのか

　このように感じるのは、「カップ麺」の容器のように、「上が大きく、下が小さい」形状のものを縦に並べると、「下のほうが」大きく感じられるという、目の錯見からきています。

左右で「大きさ」が違っているように感じる

＊

　「同じ大きさ」でも、「上のものが小さく」感じられます。

＊

　次の写真は、2枚のバームクーヘン型の紙を並べたところです。

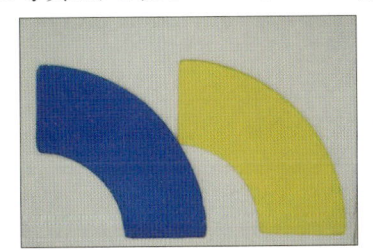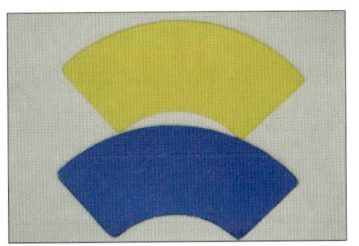

バームクーヘン型の紙を並べる

　左は「同じ大きさ」に感じますが、**右**はカップ麺の容器と同じように、「上が小さく」感じるはずです。

　この例のほうが、より分かりやすいかもしれません。

＊

　ちなみに、「カップラーメン 4 兄弟」と言いながら、小さな 5 番目の兄弟がいるのに気付いたでしょうか。

　いちばん小さいサイズは、「MINI」を加圧実験で小さくしたものです。

右を圧縮して左になった

「カップヌードル」の容器は、「発泡スチロール」で出来ています。

「発泡スチロール」にはたくさんの「部屋」があり、その中に空気が閉じ込められています。
このおかげで「保温性」が良く、お湯を入れてから手で持っても熱くないのです。

そして、この容器に外から「圧力」をかけると、空気が抜けだし、縮んで小さくなってしまうのです。

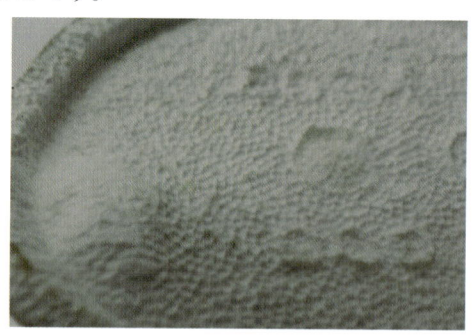

圧縮したものの表面

※これまでの「カップ麺」の容器には、このような「発泡スチロール」がよく使われていたのですが、最近は紙製の「ECOカップ」に替わってきています。

なお、同じ錯覚ネタとして、**❷手作り工作編p.69**で「首振りドラゴン」を解説しています。

参考サイト http://tsukuba-ibk.com/omosiro/2013/02/post-252.html

索　引

索 引

■著者略歴

久保　利加子（くぼ・りかこ）

1963年　博多生まれ
1986年　九州大学農学部食糧化学工学科卒業
2004年　つくば市で『おもしろ！ふしぎ？実験隊』の活動をスタート。

依頼を受けて、小学校・科学館などで実験教室をおこないながら、ライフワークとして『放課後の児童館でドッジボールを楽しむように科学を楽しもう！』と、無料の実験教室を行なっている。年間延べ3000人近くの子供たちと遊んでいる。近年は、科学ボランティア育成にも楽しさを感じています。

［著者ホームページ・FB ページ］

http://tsukuba-ibk.com/omosiro/	https://hmslab1.jimdofree.com/

https://www.facebook.com/o.f.jikkenntai/

［参考文献］

「機能性プラスチック」のキホン
https://www.sbcr.jp/products/4797364231.html

本書の内容に関するご質問は、
①返信用の切手を同封した手紙
②往復はがき
③ FAX（03）5269-6031
　（返信先の FAX 番号を明記してください）
④ E-mail　editors@kohgakusha.co.jp
のいずれかで、工学社編集部あてにお願いします。
なお、電話によるお問い合わせはご遠慮ください。

サポートページは下記にあります。

［工学社サイト］
http://www.kohgakusha.co.jp/

I/O BOOKS

手作り実験工作室 ①手軽な実験編

2018 年 12 月 25 日　初版発行　ⓒ 2018	著　者　　久保　利加子
	発行人　　星　正明
	発行所　　株式会社**工学社**
	〒160-0004 東京都新宿区四谷 4-28-20 2F
	電話　　　（03）5269-2041（代）［営業］
	（03）5269-6041（代）［編集］
※定価はカバーに表示してあります。	振替口座　00150-6-22510

印刷：シナノ印刷（株）

ISBN978-4-7775-2068-8